# 아이가 잘 먹는 5분 완성 완밥 유아식

밥좀주이서 이정은 지음

용감한 까치

**일러두기**

- 각 레시피의 조리 시간은 조리 환경, 재료 상태 등 개개인의 상황에 따라 다를 수 있음을 참고 부탁드립니다.
- 각 레시피의 조리 과정 사진은 참고용으로, 조리법 설명에 따라 요리하시기 바랍니다.

아이가 잘 먹는

5분 완성

완밥 유아식

**초판 1쇄 발행** · 2025년 1월 20일

**지은이** · 밥좀주이서 이정은

**발행인** · 우현진

**발행처** · (주)용감한 까치

**출판사 등록일** · 2017년 4월 25일

**팩스** · 02)6008-8266

**홈페이지** · www.bravekkachi.co.kr

**이메일** · aoqnf@naver.com

**기획 및 책임편집** · 우혜진

**마케팅** · 리자

**푸드디렉팅&필름디렉팅** · 아이엠푸드스타일리스트 김현학 **푸드스타일리스트** · 아이엠푸드스타일리스트 연제민, 강다경

**디자인** · 죠스 **교정교열** · 이정현

**CTP 출력 및 인쇄** · **제본** · 이든미디어

- 책값은 뒤표지에 표시되어 있습니다.
- 잘못된 책은 구입한 서점에서 바꿔드립니다.


ISBN 979-11-91994-34-6(13590)

# 세상에서 가장 용감한 고양이 '까치'

동물 병원 블랙리스트 까치. 예쁘다고 만지는 사람들 손을 마구 물고 할퀴며 사나운 행동을 일삼아 못된 고양이로 소문이 났지만, 사실 까치는 누구보다도 사람들을 사랑하는 고양이예요. 사람들과 친해지고 싶은 마음에 주위를 뱅뱅 맴돌지만, 정작 손이 다가오는 순간에는 너무 무서워 할퀴고 보는 까치.

그러던 어느 날, 사람들에게 미움만 받고 혼자 울고 있는 까치에게 한 아저씨가 다가와 손을 내밀었어요. "만져도 되겠니?"라는 말과 함께 천천히 기다려준 그 아저씨는 "인생은 가까이에서 보면 비극이지만, 멀리서 보면 코미디란다"라는 말만 남기고 휭하니 가버리는 게 아니겠어요?

울고 있던 겁 많은 고양이 까치는 아저씨 말에 마지막으로 한 번 더 용기를 내보기로 했어요. 용기를 내 '용감'하게 사람들에게 다가가 마음을 표현하기로 결심했죠. 그래도 아직은 무서우니까, 용기를 잃지 않기 위해 아저씨가 입던 옷과 똑같은 옷을 입고 길을 나섭니다. '인생은 코미디'라는 말처럼, 사람들에게 코미디 같은 뻥 뚫리는 즐거움을 줄 수 있는 뚫어뻥 마법 지팡이와 함께 말이죠.

과연 겁 많은 고양이 까치는 세상에서 가장 용감한 고양이가 될 수 있을까요? 세상에서 가장 용감한 고양이 까치의 여행을 함께 응원해주세요!

## PROLOGUE

***누구나 '처음 엄마'***
***매일이 도전인 당신에게***
***선물하고 싶은 5분 완성***
***환하게 웃는 식탁!***

아이가 처음 이유식을 졸업하고 유아식으로 넘어갈 때
매일이 도전이었어요.
'오늘은 무엇을 먹일까? 맛없어서 안 먹으면 어떡하지?
너무 어렵다!'
작은 아이의 입속에 들어가는 한 숟가락이 너무나 소중하고,
때로는 부담스럽기도 했어요.

처음에는 시간이 오래 걸리고 실수도 많았지만,
유아식이 꼭 복잡하고 완벽할 필요가 없다는 것을
차츰 알게 되었고,
빠르고 간단한 요리로도 아이의 건강과 맛있는 한 끼를
채울 수 있다는 믿음이 생겼습니다.

그렇게 주변 엄마들에게 전수하던 레시피를
인스타그램을 통해 조금씩 소개하기 시작했고
1년여 동안 10만 팔로어가 모이며 많은 사랑을 받게 되었습니다.
진심으로 감사합니다.

이 책에는 저의 경험과 노하우를 담았습니다.
엄마들이 짧은 시간 안에 준비하면서도
마음의 부담을 덜 수 있도록
누구나 쉽게 따라 할 수 있고 아이는 잘 먹는
5분 레시피를 준비했어요.

이제 더 이상 "뭐 먹이지?"라는 고민에 시간을 쏟지 마세요.

이 책이 여러분의 아이에게는 맛있는 한 끼를,
여러분에게는 여유를 선물하길 바랍니다.

우리 모두의 식탁에 더 많은 웃음이 가득하길 바라며
이 책을 시작합니다.

GET READY

# 밥 좀 하는 엄마의 초간단 준비법

PART 1

# 3분 완성 유아식

반찬



한 그릇



간식

PART 2

# 5분 완성 유아식

## 반찬



## 국



## 한 그릇

간식

PART 3

# 10분 완성 유아식

반찬



한 그릇



간식

PART 4

# 스페셜 유아식

## 반찬



## 국 / 밥



## 간식

## 01 밥좀주이서 레시피 계량법

- 1T = 밥숟가락 기준

ㄴ 간장 및 소스 1T = 약 5g

ㄴ 가루 1T = 약 10g

ㄴ 파프리카장, 된장 등 장류 1T = 18~20g

- 1컵(종이컵 기준) = 쌀·곡류 160g, 물 180ml 정도

# 밥 좀 하는 엄마가 사용하는 유아식 / 집밥 도구

## 1 전자레인지 사용 실리콘 찜기

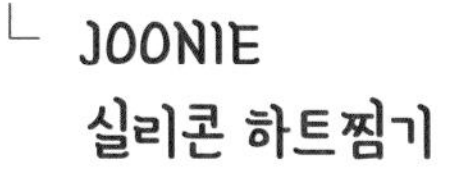

ㄴ JOONIE
실리콘 하트찜기

ㄴ 푸쉬락(지켜락)
실리콘 찜기 400ml

## 2 실리콘 큐브

개별 분리 가능한 제품으로 필요할 때마다 하나씩 쏙쏙 꺼내 쓸 수 있어요. 다진 채소 큐브, 소고기 큐브 등 소분할 때 자주 사용했어요.

ㄴ JOONIE 이유식보관용기

· 4구(115ml×4) · 6구(50ml×4, 115ml×2)

· 8구(50ml×8)

## 3 냉동 밥/국 보관 용기

바켄 진공밀폐용기

- **푸쉬락 실리콘 찜기 400ml**

접었다 펼쳤다 해서 용량을 조절할 수 있는 제품으로, 접어서 아이 밥을 1인분(90~120g)씩 담아 냉동한 후 그대로 전자레인지에 넣어 해동하기 편하고, 펼친 사이즈로 어른 밥도 200g씩 소분할 수 있어요. 냉동 보관할 국도 아이, 어른용 사이즈에 맞게 활용하기 좋고 전자레인지로 한 그릇 유아식 할 때도 자주 사용합니다.

- **냉동 보관 용기 땡스소윤**

뒤죽박죽 냉동실 속 유아식 및 집밥 냉동 재료를 정리하기 좋은 제품이에요. 영하 30℃에도 깨지지 않고, 전자레인지 사용도 가능한 제품에 사이즈도 다양해서 냉동 새우, 냉동 과일, 엄마표 돈가스 및 반찬, 국을 담아 차곡차곡 잘 보이게 정리하기 좋습니다.

- **바켄 진공밀폐용기**

양파, 대파, 버섯, 애호박, 당근 등 냉장고에 넣어도 오래가지 않는 재료는 반찬 해주려고 보면 상해서 버리는 일이 많았는데, 바켄에 보관하면 4~6주 정도 가요. 사이즈가 다양해 모든 식재료를 보관할 수 있어 2년 동안 잘 활용하는 중입니다.

- **스텐서드 스텐양면도마**

고기·생선·채소·과일용 등 도마를 여러 개 구매할 필요 없이 스테인리스 스틸과 PP 양면 도마를 사용해요. 일반 유아식 도마 2배 크기로 사용하기 편하고, 세척과 관리도 쉽죠.

## 밥 좀 하는 엄마가 자주 사용하는 재료

아기 김치

얼라맘마 아기배추김치

얼라맘마는 돌부터 먹일 수 있는 아기 백김치, 아기 배추김치, 깍두기 등 아기 김치 원조 브랜드예요.

아기 간장

얼라맘마 아기맛간장

돌부터 먹일 수 있는 저염 맛간장. 물을 섞어 염도를 낮춘 게 아니라 간장 자체의 염도를 낮춘 제품. 짜지 않고 맛있어서 유아식에 매일 사용해요.

아기 된장

얼라맘마
돌부터 먹는 아기된장

돌부터 먹이는 아기 된장. 뻑뻑한 한식 된장이 아니고 아이도 부담 없이 먹을 수 있는 미소 된장같이 부드러운 된장이에요. 짜지 않아 황태가루, 멸치가루, 다시마가루를 넣어 물과 된장으로만 끓여도 맛있는 된장국이 완성돼요.

파프리카장

얼라맘마
돌부터 먹는 파프리카장

파프리카로 빨간색을 내 전혀 맵지 않은 고추장 대체 재료예요. 고추장 맛은 나는데 매운 기가 하나도 없어서 아이 음식에도 안심하고 사용할 수 있어요.

굴소스

다온 처음 저염굴소스

100% 통영 굴과 국내산 과일, 채소로 만든 단짠 저염 굴소스에요. 유아식에도 안심하고 쓸 수 있어요.

조청

다온N 쌀조청

국내산 100% 쌀로 만든 쌀조청이에요. 설탕, 올리고당 등을 대신해 사용할 수 있는 당 대체 재료로, 10개월 이후 유아식을 시작한 아이들에게 먹일 수 있습니다.

조청

다온 배도라지고

도라지, 서생 배, 쌀조청만으로 48시간 저온에서 천천히 고아 만든 배도라지청. 고기 양념할 때 넣어 단맛을 내거나 식빵 또는 요거트에 넣어 간식을 만들어요.

플레이크

푸른들
순수 야채후레이크

무염, 동결 건조 채소로 반찬 및 한 그릇 유아식 등을 만들 때 마지막 순서에 함께 넣어 조리해요.

육수 팩

쁘띠구르망 순한 아이 다시팩

첨가물이 없는 순한 다시 팩이에요. 유아식 국 만들 때 1팩씩 넣어 우리면 더욱 깊은 맛을 낼 수 있어요.

# 유아식 왕초보를 위한 평생 써먹는 초간단 유아식 치트키

## 1 소고기, 닭고기 소분법

### • 다진 소고기

정육점이나 마트에서 원하는 입자의 고기로 구매하거나 차퍼로 직접 다진 후 키친타월로 핏기를 닦아 실리콘 큐브에 50g씩 소분해 냉동 보관하세요. 반찬용, 볶음밥용으로 사용 가능합니다.

### • 구이용 소고기(안심, 채끝 등)

구이용 소고기는 아이 반찬 한 끼 필요량(약 50g)으로 소분해 랩에 싸서 냉동 보관하세요.

### • 닭 안심

❶ 닭 안심 1팩(500g)을 꺼내 포크로 힘줄, 근막을 제거한 후 우유나 분유에 잠길 정도로 30분 동안 담가 잡내를 제거해주세요.

❷ 흐르는 물에 우유만 살짝 씻어냅니다.

❸ 키친타월로 물기를 제거한 후 1덩이(약 40~50g)씩 랩에 싸서 냉동 보관합니다(반찬용). 나머지는 차퍼나 칼로 원하는 입자로 다져 50g씩 실리콘 큐브에 소분해 냉동 보관합니다(볶음밥 또는 반찬용).

## 2 소고기채소볶음

볶음밥, 주먹밥, 리소토 등 한 그릇 유아식에 만능으로 쓸 수 있는 소고기채소볶음 큐브.

재료: 다진 소고기 200g, 애호박 50g, 당근 50g, 양파 100g

보관법 : 냉동 보관 3~4주

※ 조리 시 상온에서 해동한 후 조리하거나 팬에 바로 넣어 사용해도 됩니다.

이서's TIP : 다진 소고기와 채소는 1:1 비율로.

애호박, 당근, 양파를 제일 많이 사용하는데, 버섯을 추가해도 좋아요. 채소 양은 냉장고 사정에 따라 조절해도 됩니다(예: 애호박 70g, 당근 70g, 양파 60g). 채소의 총량과 다진 소고기 비율만 1:1로 맞추면 됩니다.

❶ 애호박, 당근, 양파는 아이가 먹기 좋은 굵기로 차퍼 혹은 칼로 다져 준비해 주세요.

❷ 팬에 다진 소고기를 넣고 약한 불로 서서히 볶아 주세요.

❸ 소고기가 익어가면 채소를 모두 넣고 볶아주세요.

❹ 수분이 모두 날아갈 때까지 볶아주세요.

❺ 실리콘 큐브에 한 번 쓸 양(약 50g)씩 담고 한 김 식힌 후 냉동 보관하세요.

## 3 소고기소보로

덮밥, 비빔밥, 볶음밥, 한 그릇 유아식에 쓸 수 있는 달짝지근하고 맛있는 양념 소고기소보로.

재료: 다진 소고기 250g, 다진 대파 또는 다진 양파 50g, 아기 간장 2T, 쌀조청 2T

보관법 : 냉동 보관 3~4주

※ 냉장 보관 5일, 큐브에 담지 않고 밀폐 용기에 보관해 필요할 때마다 사용

이서's TIP : 흰밥 위에 올려 비빔밥, 덮밥으로 활용하거나 각종 채소볶음, 메추리알장조림에 활용해도 좋습니다. 팬에 조리할 때는 바로 사용하고 덮밥, 비빔밥에 사용할 때는 전자레인지에 1분간 데워 해동해주세요.

❶ 약한 불에 다진 소고기를 천천히 볶아주세요.

❷ 소고기가 익어가면 양파를 넣고 볶아주세요.

❸ 양파가 투명해지면 아기 간장 2T을 넣어 간을 더해주세요.

❹ 팬에 수분이 거의 사라질 때쯤 쌀조청 2T을 넣어 섞어주세요.

❺ 실리콘 큐브에 50g씩 나눠 담고 한 김 식힌 후 냉동 보관하세요.

## 4 다진 채소 큐브
(비조리)

미리 만들어두면 요리 시간이 단축되고 쉬워지는 다진 채소 큐브. 요리할 때마다 채소 썰기 귀찮다면 미리 만들어두세요. 소고기, 닭고기, 새우 등 메인 재료 상관없이 조리할 때 채소 큐브만 추가하면 되니 요리가 편해질 거예요.

재료: 양파 100g, 당근 50g, 애호박 50g

보관법 : 냉동 보관 3~4주
※ 냉장 보관 5일 가능(큐브에 담지 않고 밀폐 용기에 보관해 필요할 때마다 사용)

이서's TIP : 채소 비율은 양파 2:당근 1:애호박 1 또는 각각 1:1:1 .
※ 추천 진공 밀폐 용기(바퀜)에 보관하면 2주는 무르지 않게 냉장 보관할 수 있어요.

❶ 양파, 당근, 애호박 모두 칼이나 차퍼로 아이가 잘 먹는 크기로 다져 준비해주세요.

❷ 재료 모두 볼에 담아 잘 섞은 후 밀폐 용기에 담아 냉장 보관하거나 실리콘 큐브에 나눠 담아 냉동 보관하세요.

## 5 만능양파볶음

이유식부터 한 그릇 유아식까지 한 끗 차이로 단맛을 더해줄 '완밥' 치트키예요.

재료: 양파 200g, 쌀조청 약간(선택), 올리브유 약간 또는 물 20ml

보관법 : 밀폐 용기에 넣어 7~10일간 냉장 보관 가능

이서's TIP : 덮밥소스를 올리기 전에 밥 위에 한 스푼 얹어주세요. 카레에 넣어 먹어도 맛있어요. 밥 위에 스크럼블드에그와 함께 올리면 양파달걀덮밥 완성. 밥 위에 올리고 메추리알장조림을 넣어 메추리알덮밥을 만드는 등 다양한 한 그릇 메뉴로 활용할 수 있어요.

❶ 양파는 채칼로 얇게 채 썰어주세요.

❷ 팬에 올리브유를 두르거나 물 소량(20ml)을 넣고 채 썬 양파를 넣은 후 볶아주세요.

❸ 양파의 숨이 죽으면 중간 불로 낮춰 볶아주세요.

❹ 양파가 노란색과 갈색 사이를 띠면 완성입니다.

Tip. 매운맛 없이 달달한 맛으로 10분 정도 볶았어요. 쌀조청을 넣어 단맛을 더해주어도 됩니다.

오늘도 완밥!

# 3분 완성 유아식

쉽고 간단하고 맛있는

# 닭가슴살치킨너깃

닭 가슴살 또는 닭 안심살 모두 OK! 누구나 쉽고 간단하게 만들 수 있는 3분 컷 치킨너깃입니다.

- ☐ 닭 안심살(또는 닭 가슴살) 50g
- ☐ 쌀가루 2T
- ☐ 달걀 1개
- ☐ 아기 소금 약간(선택)
- ☐ 올리브유 약간

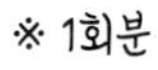
※ 1회분

- 냉장 보관 3일

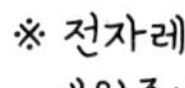
※ 전자레인지에 1분 30초간 데워주세요.

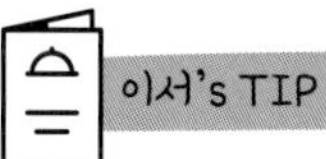


소금을 약간 넣어 짭조름하게 먹어도 맛있지만, 소금 간을 하지 않아도 아이들이 잘 먹는 메뉴라 무염식 하는 아이들에게도 먹일 수 있어요.

1 닭 가슴살은 아이가 먹기 좋은 크기로 잘라주세요.

2 자른 닭 가슴살에 쌀가루를 골고루 묻혀주세요.

3 달걀을 풀어 달걀물을 골고루 묻혀주세요.

4 달군 팬에 올리브유를 두르고 닭 가슴살을 올려 앞뒤로 노릇노릇하게 구워 완성합니다. 기호에 따라 아기 소금을 뿌려주세요.

NO 밀가루, NO 달걀

# 초간단새우튀김

간을 전혀 하지 않아도 너무 맛있는 새우튀김.
많이 만들어 엄마, 아빠도 꼭 같이 먹어보세요.

☐ 냉동 흰다리새우 5마리
☐ 전분 3T
☐ 채소가루 0.5T(선택)
☐ 무염 버터 10g(또는 버터 오일 약간)

※ 1회분

• 냉장 보관 3일
※ 프라이팬에 1분 30초간 데워주세요.

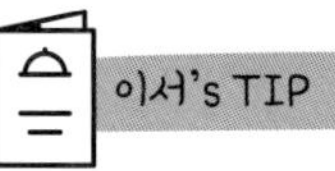


새우를 해동해 물기를 제거한 후 소금과 후춧가루를 약간 추가하면 더 맛있어요.

1

냉동 흰다리새우는 찬물에 담가 해동한 후 키친타월로 물기를 제거해주세요.

2

새우에 전분 3T을 앞뒤로 골고루 묻혀주세요.

3

팬에 무염 버터 또는 버터 오일을 두른 후 새우를 올려주세요.

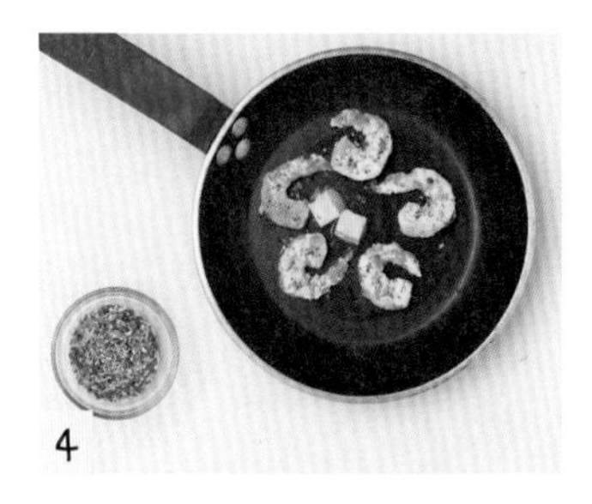
4

기호에 따라 (3)에 채소가루를 뿌려주세요(선택).

5

앞뒤로 3분 정도 익혀주면 완성입니다.

아삭아삭 맛있고 간단한

# 오이무침

아이가 냉면 위에 올린 오이나 김밥 속 오이는 모두 빼고 먹지만, 이 오이무침만은 정말 좋아해요. 오이를 좋아하지 않는 엄마, 아빠도 꼭 먹어보세요.

- □ 오이 1개
- □ 아기 소금 0.5T
- □ 참기름 1T
- □ 통깨 약간

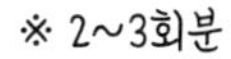
※ 2~3회분

- 냉장 보관 7일

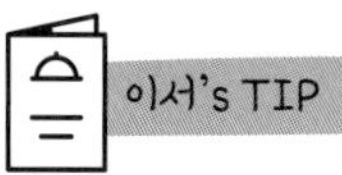


소금에 절이지 않은 생오이로 만들어도 괜찮습니다. 아기 김 1장을 잘라 넣어 함께 무쳐도 아이가 잘 먹어요.

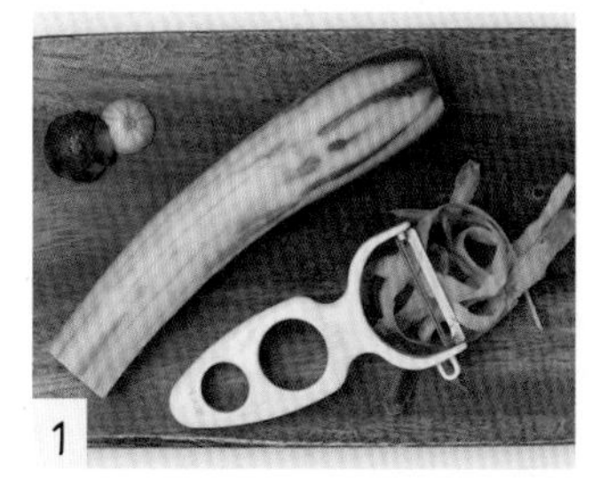


오이는 껍질을 제거한 후 양끝을 1~2cm 정도 잘라주세요.

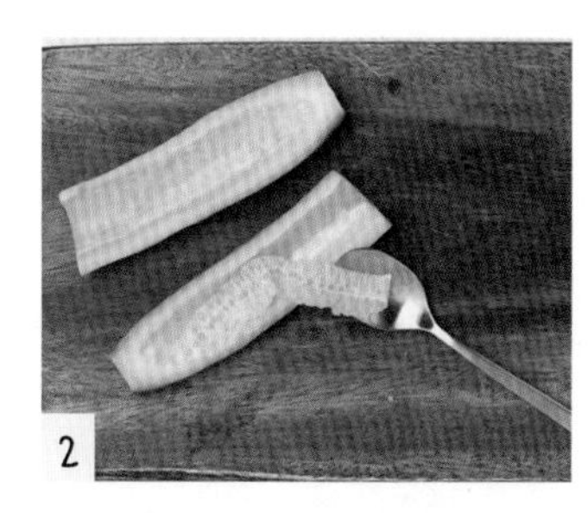


오이를 세로로 반 자르고 숟가락으로 씨를 파내세요.

아기가 먹기 좋게 약 1cm 두께로 썬 후 소금 0.5T을 넣어 절여주세요.

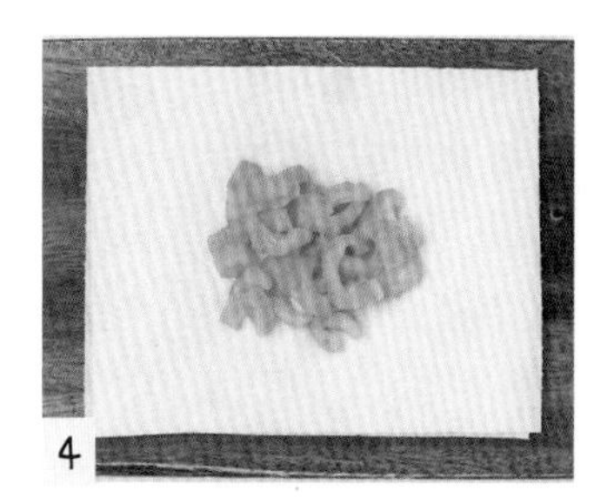


(3)의 오이를 찬물에 한번 헹군 후 물기를 제거합니다.

참기름 1T을 넣어 무친 다음 통깨 약간을 솔솔 뿌려 완성합니다.

초보도 무조건 성공하는 쉬운 나물무침 ❶

# 콩나물무침

아직 간을 하지 않는 유아식 초기 단계라면 소금과 아기 간장은 제외하고 만들어주세요.

재료

- ☐ 콩나물 100g
- ☐ 참기름 0.5T
- ☐ 통깨 약간
- ☐ 아기 소금 약간(선택)

※ 2~3회분

보관법

- 냉장 보관 7일

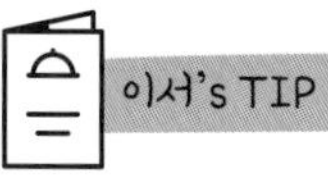

이서's TIP

프라이팬에 콩나물, 물 30~40ml를 넣고 뚜껑을 덮어 약한 불에 2~3분간 익혀 조리하면 데친 콩나물보다 더 아삭하게 먹을 수 있어요.

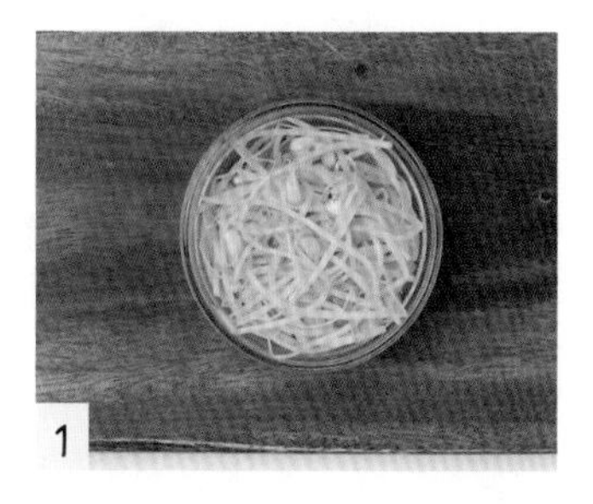

1 콩나물을 깨끗이 씻은 후 끓는 물에 3~4분 정도 데쳐주세요.

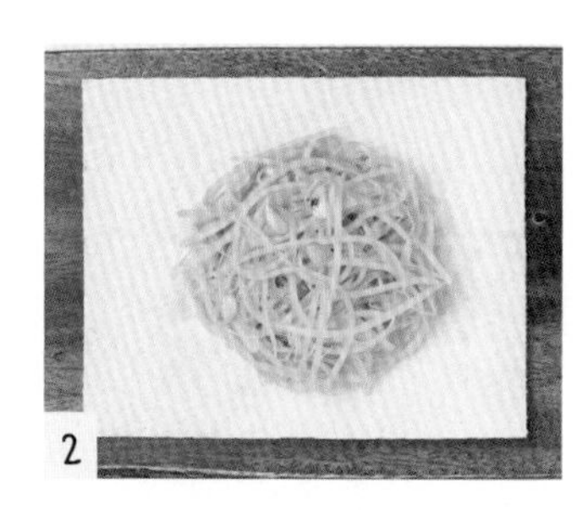

2 데친 콩나물을 찬물에 헹군 후 물기를 제거해주세요.

3 참기름 0.5T과 통깨 약간, 기호에 따라 소금 약간을 넣고 잘 버무려주세요.

초보도 무조건 성공하는 쉬운 나물무침 ❷

# 숙주나물

아이가 콩나물을 거부한다면 숙주나물부터 도전해보세요.

재료

☐ 숙주 100g
☐ 참기름 0.5T
☐ 통깨 약간
☐ 아기 간장 0.5T(선택)

※ 2~3회분

보관법

· 냉장 보관 7일

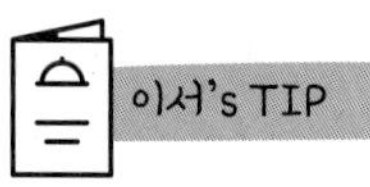

이서's TIP

아기 간장 대신 저염 굴소스나
참기름으로만 간해도 충분히 맛있어요.

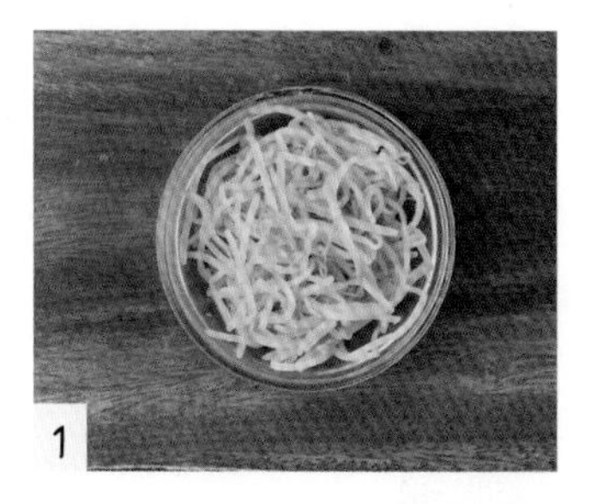

1 숙주를 깨끗이 씻은 후 끓는 물에 1분 정도 데쳐주세요.

2 데친 숙주나물을 찬물에 헹군 후 물기를 제거해주세요.

3 참기름 0.5T, 통깨 약간, 기호에 따라 아기 간장 0.5T을 넣고 잘 버무려주세요.

초보도 무조건 성공하는 쉬운 나물무침 ❸

# 청경채된장무침

부드러운 된장을 사용한 무침이에요. 아이에게
건강한 한입을 먹여보세요.

- ☐ 청경채 100g
- ☐ 참기름 0.5T
- ☐ 아기 된장 1T
- ☐ 통깨 약간

※ 2~3회분

- 냉장 보관 7일

이서's TIP

단독 반찬으로도 비빔밥으로도 잘 먹어요.

청경채를 깨끗이 씻은 후 끓는 물에 2~3분 정도 데쳐주세요.

데친 청경채를 찬물에 헹군 후 물기를 제거해주세요.

참기름 0.5T, 아기 된장 1T, 통깨 약간을 넣고 잘 버무려주세요.

초보도 무조건 성공하는 쉬운 나물무침 ❹

# 시금치무침

시금치무침은 유아식 초기부터 입맛을 북돋아주는 반찬입니다.

- ☐ 시금치 100g
- ☐ 아기간장 1T
- ☐ 참기름 0.5T
- ☐ 통깨 약간

※ 2~3회분

- 냉장 보관 7일

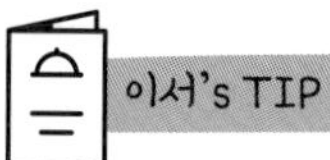


유아식 초기 단계(무염)라면 아기 간장을 생략하고 참기름, 통깨만 넣어도 잘 먹어요.

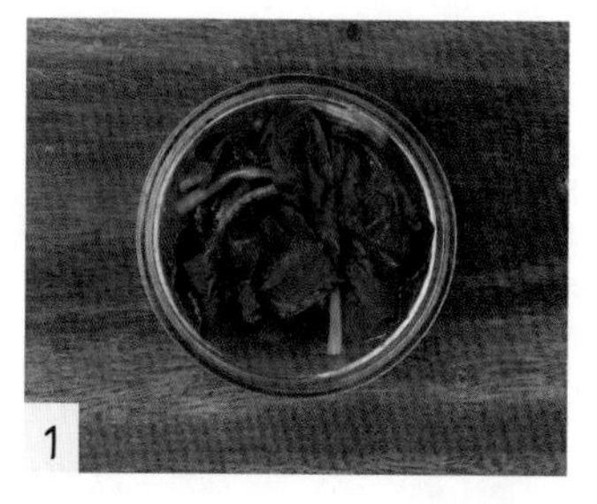

1 시금치를 깨끗이 씻은 후 끓는 물에 30초~1분 정도 살짝 데쳐주세요.

2 데친 시금치를 찬물에 헹군 후 물기를 제거해주세요.

3 아기 간장 1T, 참기름 0.5T, 통깨 약간을 넣고 잘 버무려주세요.

남편도 인정한 맛! 무염 새우동그랑땡

# 새우채소전

한번 만들어두면 남편도 아이도 잘 먹는 반찬이에요.
새우와 채소만으로 충분히 맛있어요.

☐ 냉동 흰다리새우 100g
☐ 다진 채소 40g
☐ 전분 1T
☐ 달걀 1개
☐ 올리브유 적당량

※ 약 5개 분량

• 냉장 보관 7일
※ 팬 또는 전자레인지에 1분 30초간 데워주세요.

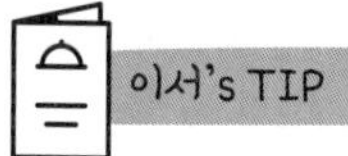


밥만 추가해서 밥전으로 해도 맛있어요.

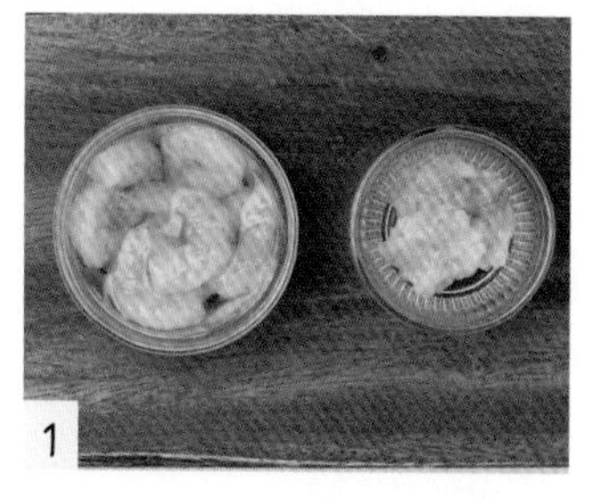
1
냉동 새우는 찬물에 해동한 후 다져놓으세요.

2
애호박, 양파, 당근 등 냉장고 속에 남아 있는 채소를 다져서 준비해주세요.

3
냉동 새우, 다진 채소, 달걀에 전분 1T을 넣어 잘 섞은 후 반죽해주세요.

4
팬에 올리브유를 넉넉하게 두른 후 숟가락으로 반죽을 한 술씩 떠 동그랗게 올려주세요.

5
앞뒤를 3분간 익혀 완성합니다.

고소하고 맛있는 두부 반찬

# 두부김무침

미리 준비해두지 않아도 간단하게 빨리 만들 수 있어 편리한 레시피예요. 맛도 고소해서 아이가 잘 먹는 베스트 반찬입니다.

- ☐ 두부 ½모
- ☐ 아기 김 2봉(약 3g)
- ☐ 참기름 1T
- ☐ 통깨 약간

※ 2회분

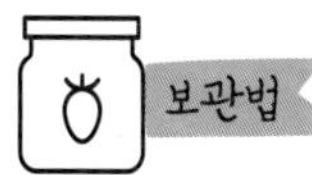


- 냉장 보관 3일

※ 전자레인지에 30초간 데워주세요.

이서's TIP

아기 간장 약간을 넣어 밥에 비벼 먹어도 맛있어요.

1 두부는 키친타월로 물기를 제거해 준비해주세요.

2 기름을 두르지 않은 팬에 두부를 올려 으깬 후 수분이 다 날아갈 때까지 볶아주세요.

3 두부의 수분이 다 날아가면 불을 끄고 아기 김을 잘라 넣어주세요.

4 참기름 1T을 넣어 섞고 통깨 약간을 솔솔 뿌려 완성합니다.

초보도 쉽게 완성하는 3분 컷

# 순두부밥새우달걀찜

밥을 급하게 차려야 하는데 반찬이 없을 때, 재빨리 만들어 밥만 비벼줘도 아이가 아주 잘 먹어요.

- ☐ 순두부 40g
- ☐ 달걀 1개
- ☐ 물 60ml
- ☐ 밥새우 0.5T
- ☐ 채소 플레이크 약간(선택)

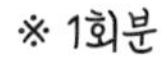
※ 1회분

- 냉장 보관 2~3일

※ 전자레인지에 40초간 데워주세요.

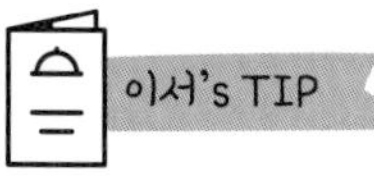


밥을 넣어 비벼 먹이면 맛있게 잘 먹어요.

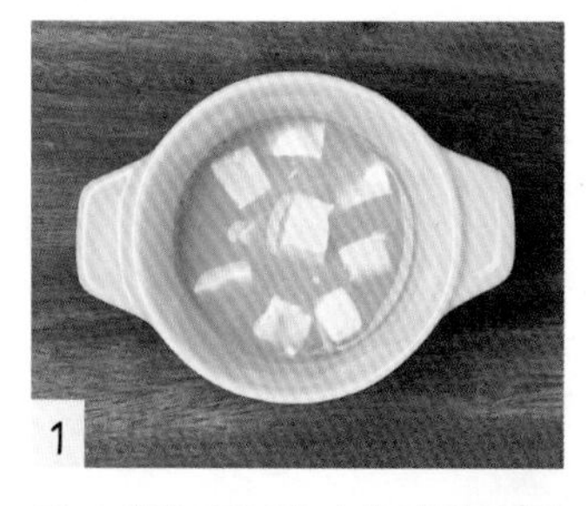


전자레인지용 찜기에 달걀을 풀고 순두부를 넣어주세요.

순두부를 포크로 살짝 으깨고 물 60ml를 넣어주세요.

기호에 따라 채소 플레이크를 솔솔 뿌린 후 밥새우 0.5T을 넣습니다.

전자레인지에 2분 30초간 돌려 완성합니다.

'냉털' 재료로 간단하게 채우는 반찬 한 칸

# 채소달걀전

냉장고 속 채소를 모아 만들어보세요. 쉬우면서도 아이가 정말 좋아해요.

☐ 양파 50g
☐ 당근 30g
☐ 애호박 40g
☐ 달걀 2개
☐ 아기 소금 약간
☐ 올리브유 적당량

※ 6~8개

· 냉장 보관 2~3일

※ 전자레인지에 30초~1분간 데워주세요.

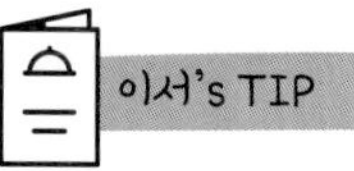


냉장고 속 다양한 채소를 활용할 수 있는 레시피예요.

1

양파, 당근, 애호박을 잘게 다져 준비해주세요.

2

달걀을 볼에 깨뜨려 담고 소금을 약간(2g 정도) 넣어 잘 풀어준 후 다진 채소를 넣어 골고루 섞어주세요.

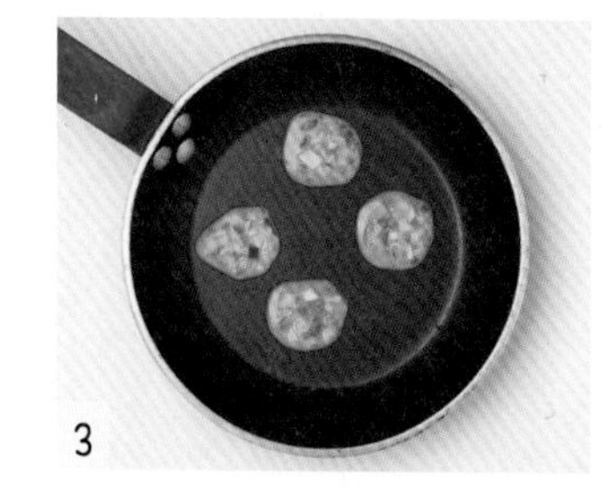

3

팬에 올리브유를 두르고 반죽을 한 숟갈씩 떠서 둥글게 펴주세요.

4

앞뒤로 노릇노릇 부쳐주면 완성입니다.

전자레인지로 만드는 단짠 반찬

# 전자레인지멸치볶음

재료도 간단, 레시피도 간단하지만 너무 맛있는 단짠 유아식이에요. 일상 반찬으로도 추천합니다.

재료

□ 저염 멸치 30g
□ 아기 간장 1T
□ 쌀조청 0.5T
□ 올리브유 약간

※ 2~3회분

보관법

• 냉장 보관 2주

이서's TIP

쌀조청 대신 알룰로스, 아가베 시럽 등 단맛(당) 대체 재료를 사용해도 좋아요.

1
전자레인지 용기에 저염 멸치를 넣고 올리브유를 두른 후 전자레인지에 2분간 돌려주세요.

2
아기 간장 1T, 쌀조청 0.5T을 넣어 섞은 후 전자레인지에 다시 넣어 30초 더 돌려 완성합니다.

불 없이 전자레인지로 만드는 3분 컷

# 두부간장조림

재료도 간단하지만 만드는 법은 더 간단해요. 아이가 매번 남기지 않고 잘 먹는 일등 반찬이에요.

☐ 두부 100g
☐ 양파 30g
☐ 아기 간장 1T
☐ 쌀조청 0.5T

※ 1~2회분

· 냉장 보관 3일

※ 전자레인지에 30초 데워주세요.

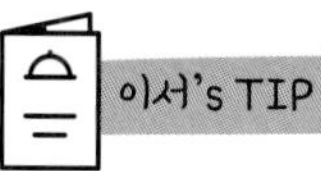


으깨서 덮밥으로 해주셔도 좋아요.

두부는 키친타월로 물기를 제거해 깍둑 썰고, 양파는 채 썰어 준비합니다.

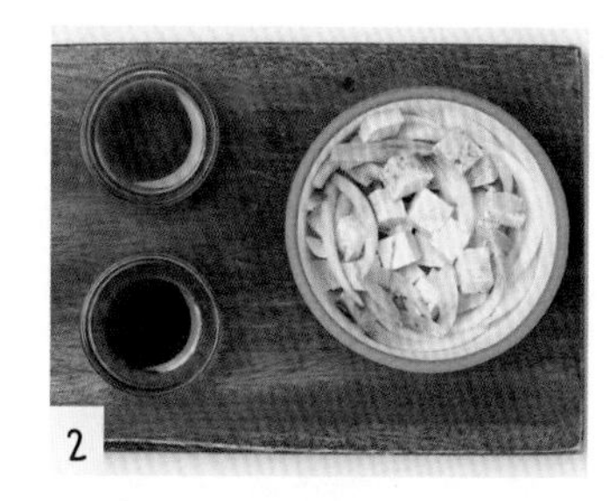


전자레인지 용기에 두부, 양파를 넣고, 아기 간장 1T, 쌀조청 0.5T을 섞어 양념이 잘 배도록 둘러 넣어주세요.

뚜껑을 닫아 전자레인지에 넣고 3분간 돌려 완성합니다.

맛있는 버섯 요리를 간단하고 쉽게

# 표고들깨무침

불 없이 전자레인지로 만들 수 있는 레시피로
맛있어서 자주 만들게 될 거예요.

□ 표고버섯 20g
□ 양파 15g
□ 채수 30ml
□ 들깻가루 0.5T
□ 참기름 0.5T

※ 1~2회분

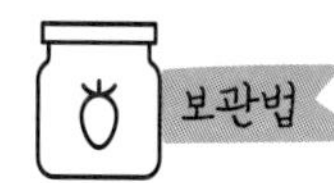


· 냉장 보관 7일

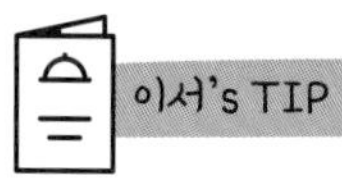


반찬으로 줘도 좋고 덮밥으로 줘도 좋은 메뉴예요.

1

표고버섯과 양파는 아이가 잘 먹을 수 있는 크기로 썰어 준비해주세요.

2

전자레인지 용기에 표고버섯, 양파, 채수 30ml를 넣은 후 전자레인지에 넣어 2분 30초간 돌립니다.

3

들깻가루 0.5T, 참기름 0.5T을 넣고 잘 섞어 완성합니다.

바쁜 아침 추천 3분 메뉴

# 누룽지닭죽

아파서 입맛 없는 날, 등원 전 바쁜 아침에 좋아요.
간을 하나도 안 해도 누룽지의 구수함으로 한 그릇
완밥 가능한 메뉴죠.

재료

- ☐ 아기 누룽지 20g
- ☐ 다진 당근 15g
- ☐ 닭 안심 50g
- ☐ 물 150ml+적당량

※ 1회분

보관법

- 냉장 보관 3일

※ 전자레인지에 1분간 데워주세요.

이서's TIP

집마다 전자레인지 사양이 다르므로 2분간 돌린 후 덜 완성되었다면 30초 추가하세요.

1

당근과 닭 안심은 아이가 잘 먹을 수 있는 크기로 잘라 준비해주세요.

2

전자레인지 용기에 닭 안심과 닭 안심이 잠길 정도의 물을 넣고 전자레인지에 1분간 돌려 익혀주세요.

미리 만들어둔 닭 안심 큐브를 사용했다면 이 과정을 생략해도 됩니다.

3

전자레인지 용기에 익힌 닭 안심, 아기 누룽지, 다진 당근, 물 150ml를 넣어주세요.

4

전자레인지에 2분간 돌려 완성합니다.

부드럽고 촉촉한

# 두부달걀오트밀죽

초간단 재료로 아침 메뉴를 뚝딱 만들어보세요. 부드러운 두부달걀로 든든한 한 끼를 챙겨줄 수 있어요.

재료

- ☐ 두부 45g
- ☐ 달걀 1개
- ☐ 오트밀 25g
- ☐ 물 80ml

※ 1회분

보관법

- 냉장 보관 3일

※ 물 20ml를 추가해 전자레인지에 1분간 데워주세요.

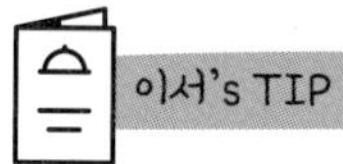

이서's TIP

전자레인지 사용 시 안에서 터질 수 있으니 노른자는 꼭 미리 터뜨려주세요.

1 전자레인지 용기에 두부, 달걀, 오트밀을 담은 후 으깨며 섞어주세요.

2 물 80ml를 넣어 전자레인지에 2분간 돌려 완성합니다.

tip 물 대신 채수를 사용해도 좋아요.

달달하고 맛있는

# 단호박치즈오트밀죽

엄마는 다이어트식으로, 아이는 든든한 한 끼로 먹을 수 있어 모두가 좋아하는 메뉴예요.

□ 찐 단호박 60g
□ 오트밀 20g
□ 우유 또는 분유 80ml
□ 아기 치즈 1장

※ 1회분

- 냉장 보관 5일

※ 전자레인지에 1분간 데워주세요.

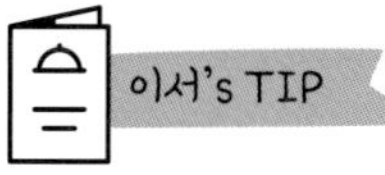


집마다 전자레인지 사양이 다르므로 덜 완성되었다면 30초 추가하세요.

전자레인지 용기에 찐 단호박을 넣어 으깨고 우유 80ml를 넣어 섞어주세요.

오트밀도 넣어 섞은 후 전자레인지에 1분 30초간 돌려주세요.

아기 치즈를 넣고 잔열로 녹여 완성합니다.

무조건 잘 먹는 추천 감자 유아식

# 감자채소오트밀죽

부드러운 감자와 아기 치즈를 넣어 맛없을 수 없는 메뉴예요. 더군다나 3분이면 완성되는 간단 레시피니 안 만들 이유가 없죠.

- □ 찐 감자 120g
- □ 다진 채소 50g
- □ 아기 치즈 1장
- □ 우유 또는 분유 120ml
- □ 오트밀 30g

※ 1회분

- 냉장 보관 3일

※ 전자레인지에 1분간 데워주세요.

이서's TIP

감자 대신 찐 고구마, 찐 단호박을 활용해도 좋아요.

전자레인지 용기에 찐 감자를 넣어 으깨고 다진 채소와 오트밀, 우유 120ml를 넣어 섞어주세요.

냉장고 속 아무 채소나 사용하면 됩니다. 보통 양파, 당근, 애호박을 사용해요.

전자레인지에 2분 30초간 돌려주세요.

아기 치즈를 넣고 잔열로 녹여주면 완성입니다.

엄마도 아이도 함께 먹는

# 달걀치즈오트밀죽

바쁜 아침 등원하기 전, 급하게 한 끼 먹여야 할 때 최고의 레시피예요. 통깨를 솔솔 뿌리면 든든하고 맛있으니 엄마도 아이와 함께 즐겨보세요.

재료

□ 오트밀 30g
□ 우유 또는 분유 80ml
□ 아기 치즈 1장
□ 달걀 1개

※ 1회분

보관법

· 냉장 보관 3일
※ 전자레인지에 1분간 데워주세요.

이서's TIP

집마다 전자레인지 사양이 다르므로 덜 완성되었다면 30초 추가하세요.

1 전자레인지 용기에 오트밀과 우유 80ml를 넣고 달걀을 풀어 넣어 섞어주세요.

2 전자레인지에 1분 30초간 돌려주세요.

3 잘 섞어준 후 아기 치즈를 넣어 잔열로 녹이면 완성입니다.

우유를 넣어 더 부드러운

# 두부카레오트밀죽

부드럽고 맛있는 두부카레 메뉴로 간단하지만
든든하게 먹을 수 있어요.

- ☐ 오트밀 20g
- ☐ 우유 100ml
- ☐ 두부 70g
- ☐ 아기 카레가루 10g

※ 1회분

- 냉장 보관 3일

※ 전자레인지에 1분간 데워주세요.

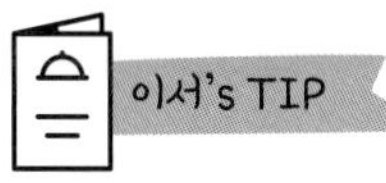


집마다 전자레인지 사양이 다르므로 덜 완성되었다면 30초 추가하세요.

전자레인지 용기에 우유 100ml를 넣고 아기 카레가루를 넣어 풀어준 후 오트밀을 넣어 전자레인지에 1분간 돌려주세요.

으깬 두부를 넣어 섞어준 후 전자레인지에 다시 넣은 다음 30초 더 돌리면 완성입니다.

초간단 한 그릇 뚝딱 오트밀 레시피

# 오트밀김죽

간단하게 만드는 한 그릇. 김을 넣어 더욱 고소하고 맛있어요.

- ☐ 오트밀 30g
- ☐ 물 130ml+50ml
- ☐ 아기 김 1봉
- ☐ 달걀 1개
- ☐ 아기 참기름 1T

※ 1회분

- 냉장 보관 3일

※ 전자레인지에 1분간 데워주세요.

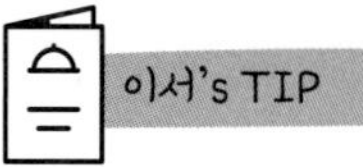


집마다 전자레인지 사양이 다르므로 덜 완성되었다면 30초 추가하세요.

전자레인지 용기에 오트밀과 물 130ml를 넣은 후 아기 김을 잘라 넣고 전자레인지에 1분간 돌려주세요.

달걀을 풀어 넣고 물 50ml를 추가한 후 전자레인지에 2분간 더 돌려주세요.

아기 참기름 1T을 넣어 섞어주면 완성입니다.

매일 먹어도 질리지 않는 달달한 레시피

# 고구마치즈오트밀죽

간단하게 만들 수 있어 4일 연속 준 적도 있는데 매번 잘 먹는 레시피예요.

재료

☐ 찐 고구마 50g
☐ 오트밀 20g
☐ 우유 80ml
☐ 아기 치즈 1장

※ 1회분

보관법

• 냉장 보관 3일
※ 전자레인지에 1분간 데워주세요.

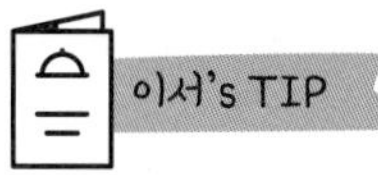

이서's TIP

집마다 전자레인지 사양이 다르므로 덜 완성되었다면 30초 추가하세요.

1 전자레인지 용기에 찐 고구마를 넣어 으깨고 우유 80ml를 넣어 섞어주세요.

2 오트밀을 넣어 섞어준 후 전자레인지에 1분 30초간 돌려줍니다.

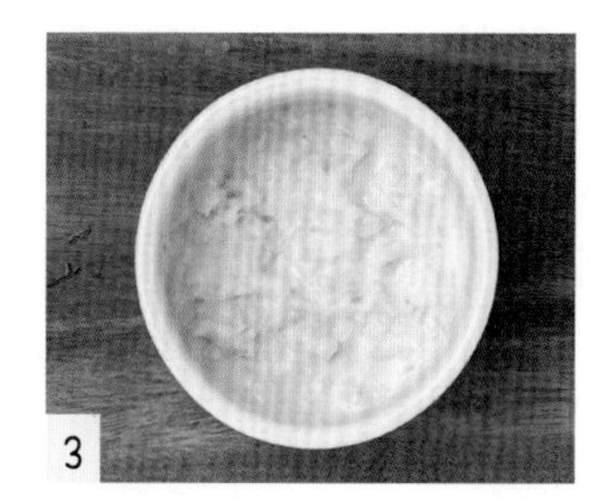

3 아기 치즈를 넣은 다음 용기 뚜껑을 덮고 잔열로 녹여주면 완성입니다.

브로콜리 거부하는 아이에게 꼭!

# 브로콜리치즈오트밀죽

아이가 싫어하는 브로콜리를 치즈와 함께 넣어 오트밀죽으로 만들어주면 정말 잘 먹어요.

☐ 오트밀 20g
☐ 물 또는 우유 120ml
☐ 브로콜리 30g
☐ 아기 치즈 1장

※ 1회분

· 냉장 보관 3일
※ 전자레인지에 1분간 데워주세요.

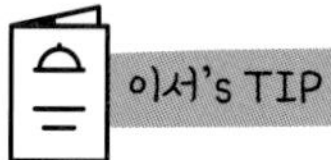


집마다 전자레인지 사양이 다르므로 덜 완성되었다면 30초 추가하세요.

1

브로콜리는 깨끗이 씻은 후 다져서 준비해주세요.

2

전자레인지 용기에 다진 브로콜리, 오트밀, 우유 120ml를 넣고 전자레인지에 2분간 돌려주세요. 아기 치즈를 넣고 전자레인지에 30초 더 돌려주세요.

초간단 레시피지만 맛은 안 간단!

# 애호박밥새우밥

애호박, 밥새우만으로 이렇게 맛있는 밥을 만들 수 있다니! 간단하지만 인기 많았던 레시피예요.

□ 밥 100g
□ 애호박 30g
□ 밥새우 10g
□ 우유 40ml
□ 아기 치즈 1장

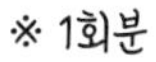

· 냉장 보관 3일
※ 전자레인지에 1분간 데워주세요.

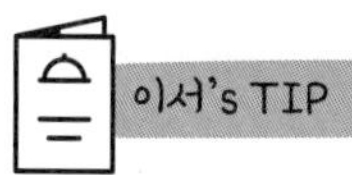


집마다 전자레인지 사양이 다르므로 덜 완성되었다면 30초 추가하세요.

애호박은 다지거나 채 썰어 준비해주세요.

전자레인지 용기에 밥, 애호박, 밥새우, 우유 40ml를 넣고 전자레인지에 2분간 돌려주세요.

아기 치즈를 넣고 전자레인지에 30초 더 돌려주세요.

부드럽고 진한

# 닭고기채소버섯밥

매일 소고기만 먹일 수 없을 때, 부드럽고 진한
닭고기채소버섯밥 어떠세요?

재료

☐ 밥 100g
☐ 닭 안심 50g
☐ 다진 채소 30g
☐ 표고버섯 20g
☐ 채수 또는 닭 육수 50ml
☐ 참기름 1T
☐ 물 100ml

※ 1회분

보관법

· 냉장 보관 3일

※ 전자레인지에 1분간 데워주세요.

이서's TIP

집마다 전자레인지 사양이 다르므로 덜 완성되었다면 30초 추가하세요. 당근, 애호박, 양파, 대파 등 냉장고 속 아무 채소나 사용 가능합니다.

1 채소와 표고버섯은 잘 다져놓습니다.

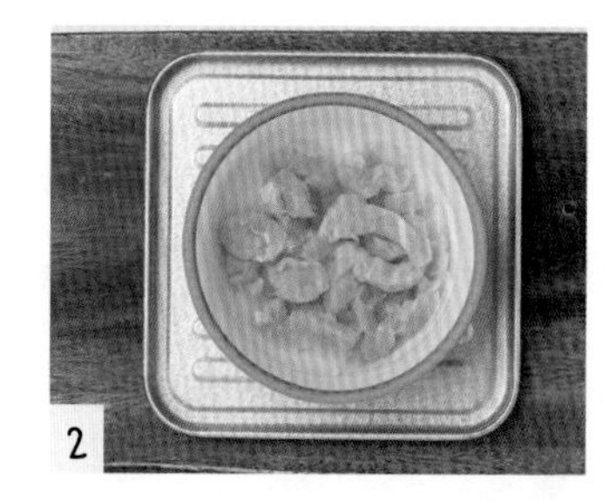

2 용기에 닭 안심, 물 100ml를 넣고 전자레인지에 1분간 돌려 익혀주세요.

3 용기에 밥, 익힌 닭 안심, 다진 채소와 표고버섯, 채수 또는 육수 50ml를 넣어 전자레인지에 2분간 돌립니다.

4 참기름 1T을 넣어 잘 섞어주세요.

청경채의 무한 변신

# 청경채달걀밥

반찬으로만 먹던 청경채를 간단하고도 맛있는 유아식으로 만들어봤어요.

- ☐ 밥 100g
- ☐ 데친 청경채 20g
- ☐ 다진 채소 30g
- ☐ 채수 또는 육수 40ml
- ☐ 무염 버터 10g
- ☐ 달걀 1개
- ☐ 참기름 1T

※ 1회분

• 냉장 보관 3일

※ 전자레인지에 1분간 데워주세요.

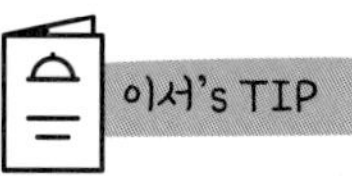


집마다 전자레인지 사양이 다르므로 덜 완성되었다면 30초 추가하세요. 당근, 애호박, 양파, 대파 등 냉장고 속 아무 채소나 사용 가능합니다.

다진 채소와 데친 청경채는 아이가 먹기 좋은 크기로 잘라 준비해주세요.

용기에 밥과 달걀을 넣어 잘 섞고 데친 청경채와 다진 채소, 무염 버터, 채수 40ml를 넣은 다음 전자레인지에 2분간 돌려주세요.

참기름 1T을 넣어 잘 섞어주세요.

생선 잘 먹일 수 있는 추천 메뉴

# 가자미양배추달걀밥

가자미는 단백질과 오메가 3가 풍부한 식품으로 아이의 성장 발달에 도움을 줄 수 있어요. 영양 가득한 재료를 맛있게 먹도록 해주는 레시피예요.

- ☐ 밥 100g
- ☐ 가자미 큐브 또는 가자미 살 50g
- ☐ 다진 채소 30g
- ☐ 채수 또는 육수 40ml
- ☐ 달걀 1개

※ 1회분

- 냉장 보관 3일

※ 채수 또는 육수 20ml를 넣어 전자레인지에 1분간 데워주세요.

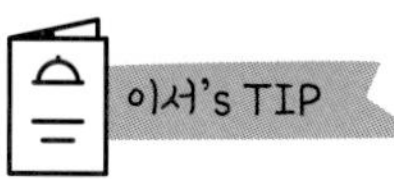


집마다 전자레인지 사양이 다르므로 덜 완성되었다면 30초 추가하세요. 당근, 애호박, 양파, 대파 등 냉장고 속 아무 채소나 사용 가능합니다.

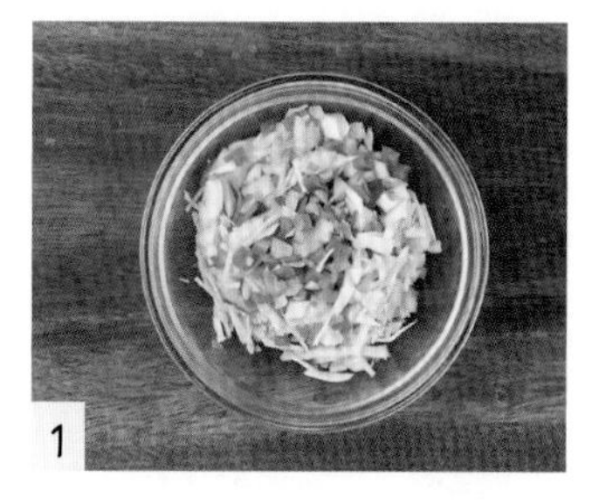

1 다진 채소는 아이가 잘 먹을 수 있는 크기로 썰어 준비해주세요.

2 용기에 가자미 큐브, 다진 채소, 채수 40ml를 넣어 전자레인지에 1분간 익혀주세요.

3 밥을 넣고 달걀을 풀어 넣은 후 전자레인지에 2분간 더 돌려주세요.

오이 싫어하는 아이도 잘 먹는

# 소고기오이밥

아삭아삭 맛있는 오이로 만든 밥으로 식감도 맛도 모두 잡았습니다.

- ☐ 밥 100g
- ☐ 다진 소고기 50g
- ☐ 아기 간장 1T
- ☐ 쌀조청 1T
- ☐ 오이 30g
- ☐ 통깨 약간
- ☐ 올리브유 약간

※ 1회분

- 냉장 보관 3일

※ 전자레인지에 1분간 데워주세요.

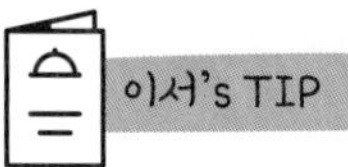


아삭아삭한 식감 때문에 생오이를 사용했지만 미리 소금에 10~20분간 절여 사용해도 됩니다.

1 오이는 깨끗이 씻은 후 아이가 먹기 좋은 크기로 깍둑 썰어 준비해주세요.

2 팬에 올리브유를 둘러 다진 소고기, 아기 간장 1T, 쌀조청 1T을 넣어 볶아주세요.

3 오이를 넣고 양념이 밸 정도로만 더 볶아주세요.

4 밥 위에 소고기와 오이를 올리고 통깨를 약간 뿌려 완성합니다.

게살 안 먹는 아이도 있나요?

# 게살두부채소밥

아이를 위해 남녀노소 다 좋아하는 게살로 더 맛있는 한 그릇 유아식을 완성해보세요.

☐ 밥 100g
☐ 게살(크래미) 40g
☐ 두부 30g
☐ 다진 채소 20g
☐ 무염 버터 10g
☐ 물 또는 채수 30ml
☐ 아기 치즈 1장

※ 1회분

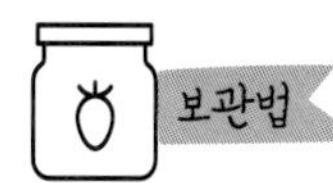


· 냉장 보관 3일

※ 전자레인지에 1분간 데워주세요.

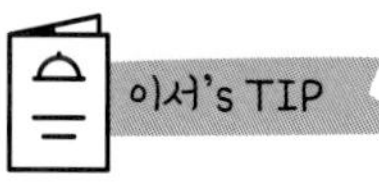


당근, 애호박, 양파, 대파 등 냉장고 속 아무 채소나 사용 가능합니다.

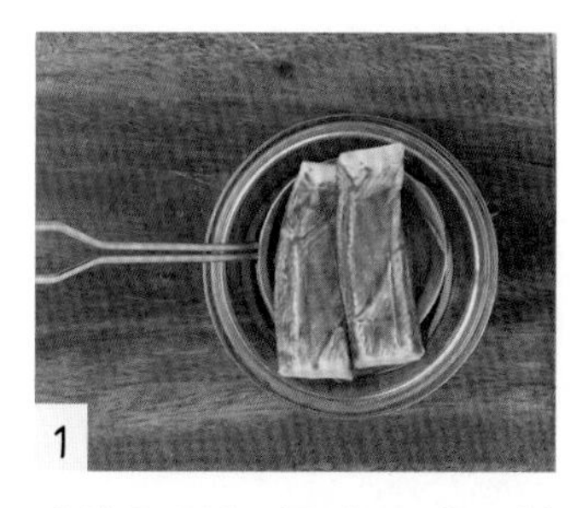

1 게살은 끓는 물에 30초~1분 정도 데쳐 준비해주세요(생략 가능).

2 데친 게살은 아이가 먹기 좋게 포크나 손으로 찢어주고 두부는 깍둑 썰어 준비해주세요.

3 용기에 밥, 게살, 두부, 다진 채소, 무염 버터를 올린 후 물 30ml를 넣어주세요.

4 전자레인지에 2분간 돌린 후 잘 섞고 아기 치즈를 올린 다음 뚜껑을 닫아 잔열로 녹여주세요.

맛있는 게살은 두 번 먹기!

# 게살유부덮밥

게살과 마찬가지로 누구나 좋아하는 유부를 넣어 만든 덮밥 레시피예요.

□ 밥 100g
□ 게살(크래미) 40g
□ 유부 40g
□ 양파 20g
□ 무염 버터 15g
또는 버터 오일 약간

※ 1회분

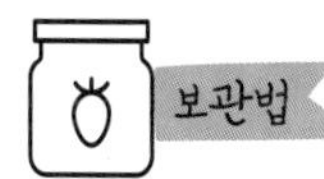


· 냉장 보관 3일
※ 전자레인지에 1분간 데워주세요.

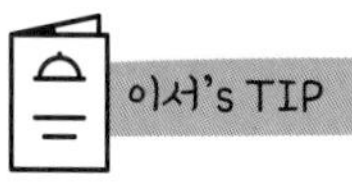


일반 게살도 좋고 크래미를 사용해도 좋아요.

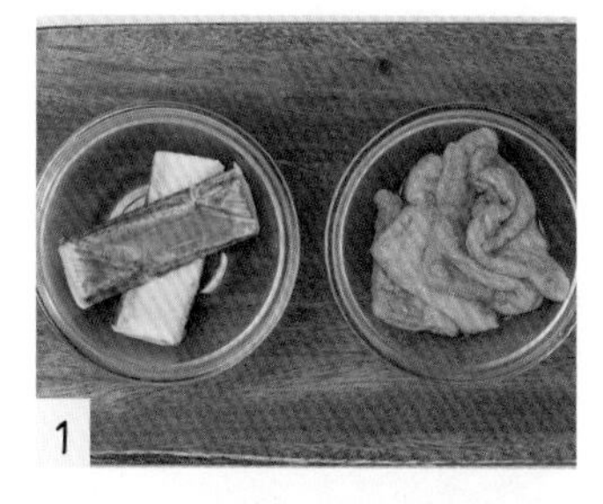


게살과 유부는 끓는 물에 30초~1분 정도 데쳐 준비해주세요(생략 가능). 데친 게살을 아이가 먹기 좋게 포크나 손으로 찢어주고 유부도 작게 잘라 준비해주세요.

팬에 무염 버터 또는 버터 오일을 넣고 양파를 넣어 볶다가 게살을 넣어 버터 향이 배게 볶아주세요.

밥 위에 유부를 올리고 볶은 양파와 게살을 올려주세요.

소고기와 가지의 환상 조합

# 소고기가지밥

아이가 가지를 사랑하게 만든 유일한 메뉴 소고기 가지덮밥. 밥 위에 올려 먹거나 반찬으로 먹일 수 있어 좋아요.

☐ 밥 100g
☐ 다진 소고기 60g
☐ 가지 40g
☐ 저염 굴소스 1T
☐ 쌀조청 1T
☐ 올리브유 약간

※ 1회분

• 냉장 보관 5일

※ 전자레인지에 1분간 데워주세요.

이서's TIP

밥 위에 올리지 말고 반찬으로 먹여도 됩니다.

1 가지는 아이가 먹기 좋은 크기로 깍둑 썰어 준비해주세요.

2 팬에 올리브유를 두르고 다진 소고기, 저염 굴소스 1T, 쌀조청 1T을 넣어 볶아주세요.

3 소고기가 어느 정도 익으면 가지를 넣은 후 1분간 더 볶아주세요.

4 밥 위에 (3)을 올려주면 완성입니다.

두 살도, 네 살도 잘 먹는

# 소고기애호박치즈밥

후기 이유식부터 먹일 수 있는 메뉴로 무염이지만
너무 맛있게 먹는 레시피 중 하나예요.

재료

- □ 밥 100g
- □ 다진 소고기 60g
- □ 애호박 40g
- □ 채수 20ml
- □ 아기 치즈 1장

※ 1회분

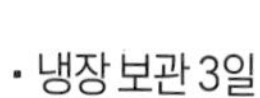

보관법

- 냉장 보관 3일

※ 전자레인지에 1분간 데워주세요.

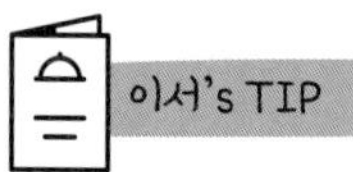

이서's TIP

아기 간장(저염 맛간장) 1T으로 간을 더하면 더욱 맛있습니다.

1

애호박은 아이가 먹기 좋은 크기로 깍둑 썰어 준비해주세요.

2

용기에 다진 소고기, 애호박, 채수 20ml를 넣어 전자레인지에 2분 30초간 돌려주세요.

3

밥을 넣어 잘 섞고 아기 치즈를 올려 녹여주세요.

전자레인지로 만드는 초간단 리소토

# 닭안심리소토

무염 레시피로 돌 전후 아이도, 네 살 언니도 모두 잘 먹어요.

- ☐ 밥 100g
- ☐ 닭 안심 60g
- ☐ 다진 채소 30g
- ☐ 우유 또는 분유 40ml
- ☐ 아기 치즈 1장

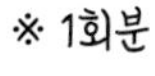
※ 1회분

· 냉장 보관 3일

※ 전자레인지에 1분간 데워주세요.

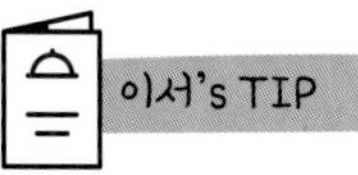


닭 안심으로 활용 가능한 요리가 많으므로 닭 안심을 미리 쪄서 큐브로 만들어두면 여러 요리를 할 수 있어 더 편할 거예요. 다진 채소는 냉장고 속 당근, 애호박, 양파 등 그때그때 있는 채소로 준비하면 됩니다.

닭 안심은 아이가 잘 먹을 수 있는 크기로 다져 끓는 물에 1분간 데쳐서 준비하고, 채소도 아이가 잘 먹는 크기로 다져 준비해주세요.

용기에 밥, 닭 안심, 다진 채소, 우유 40ml를 넣어 전자레인지에 2분간 돌려주세요.

모든 재료를 잘 섞고 아기 치즈를 올려 녹여주세요.

환상 조합 철분 보충 레시피

# 소고기무밥

소고기와 무는 환상의 조합인 거 아시죠? 국밥 말고 한 그릇 밥으로 간단하게 준비하세요.

☐ 밥 100g
☐ 다진 소고기 50g
☐ 무 20g
☐ 채수 또는 육수 30ml
☐ 아기 간장 1T(선택)
☐ 참기름 0.5T

※ 1회분

- 냉장 보관 3일

※ 전자레인지에 1분간 데워주세요.

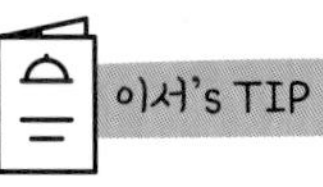



아기 간장은 생략 가능해요.

1

무는 아이가 잘 먹을 수 있는 크기로 깍둑 썰거나 다져 준비해주세요.

2

용기에 밥, 다진 소고기, 무, 채수 30ml를 모두 넣고 전자레인지에 2분간 돌려주세요.

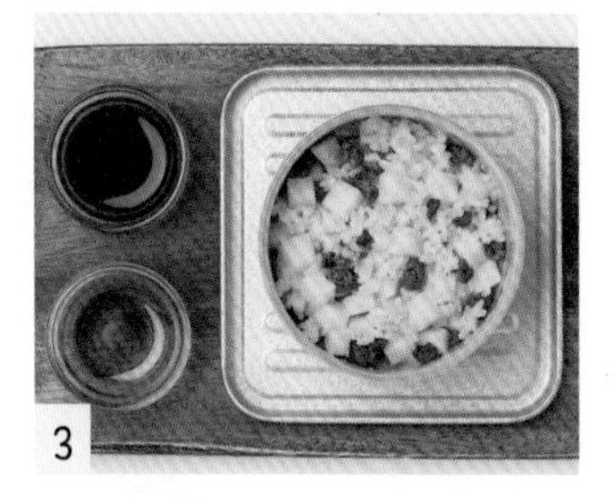

3

아기 간장 1T(선택), 참기름 0.5T을 넣어준 후 잘 섞어서 전자레인지에 30초 더 돌려주세요.

1분 30초 만에 만드는 초간단 레시피

# 김치참치밥

맛없을 수 없는 조합, 김치참치덮밥 레시피예요.
김치를 좋아하지 않는 아이도 잘 먹어요.

### 재료

- □ 밥 100g
- □ 참치 40g
- □ 아기 김치 30g
- □ 무염 버터 15g

※ 1회분

### 보관법

- 냉장 보관 3일

※ 전자레인지에 1분간 데워주세요.

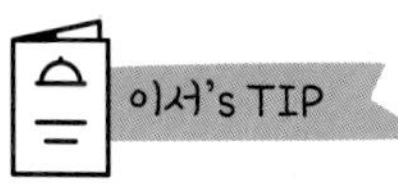

### 이서's TIP

아기 김치라면 백김치, 깍두기 등 아무것이나 넣어도 상관없어요.

1 참치는 기름을 따라 버린 후 꼭 짜서 준비해주세요.

2 용기에 무염 버터를 넣고 전자레인지에 1분간 돌려 녹여주세요.

3 (2)에 아기 김치, 참치를 넣고 잘 섞어준 다음 전자레인지에 30~40초 더 돌려주세요.

4 밥 위에 올려 완성합니다.

등원 전 3분 만에 만드는

# 치즈달걀찜밥

참치를 이용한 레시피로, 참치를 빼도 되고 대파 대신 냉장고 속 재료를 활용해도 좋아요. 바쁜 아침 꼭 한번 만들어보세요.

- ☐ 밥 100g
- ☐ 참치 40g
- ☐ 대파 10g
- ☐ 달걀 2개
- ☐ 아기 치즈 1장

※ 1회분

- 냉장 보관 3일

※ 전자레인지에 1분간 데워주세요.

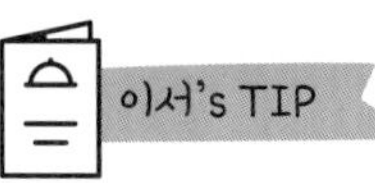


만든 직후 먹는 게 가장 맛있습니다.

1 참치는 기름을 따라내고 달걀은 풀어놓고 대파는 송송 썰어 준비해주세요.

2 용기에 밥, 달걀물, 대파, 참치를 넣은 후 전자레인지에 2분 30초간 돌려주세요.

3 아기 치즈를 넣고 전자레인지에 30초 더 돌려주세요.

고소하고 진한 맛

# 소고기표고덮밥

먹이기 힘든 표고버섯을 깍둑 썰어 들깻가루와 함께
맛있는 한 끼 유아식을 완성해보세요.

☐ 밥 100g
☐ 다진 소고기 30g
☐ 표고버섯 15g
☐ 들깻가루 0.3T
☐ 참기름 1T
☐ 채수 또는 육수 40ml

※ 1회분

· 냉장 보관 3일

※ 전자레인지에 1분간 데워주세요.

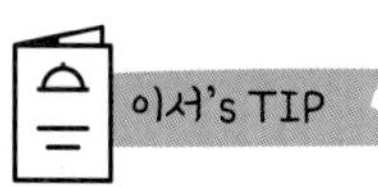


덮밥이 아니라 반찬으로 줘도 잘 먹어요.

1 표고버섯은 아이가 잘 먹을 수 있는 크기로 깍둑 썰어 준비해 주세요.

2 용기에 다진 소고기, 표고버섯, 채수 40ml를 넣고 전자레인지에 2분 30초 돌려주세요.

3 들깻가루 0.3T와 참기름 1T을 넣어 잘 섞은 후 밥 위에 올려주세요.

코 박고 사발째 들고 마시는

# 김치말이국수

유아식 첫 김치로 먹였던 백김치. 국물로 시원하게 김치말이국수를 만들어주니 사발째 들고 마셨던 레시피예요.

□ 아기 백김치 30g
□ 아기 백김치 국물 100ml
□ 물 70ml
□ 소면 50g

※ 1회분

· 면이 붇지 않게 바로 먹어요.

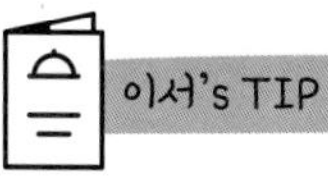


'얼라맘마'의 아기 김치를 사용했습니다. 아기 배추김치, 깍두기 등 어떤 것을 넣든 시원하고 맛있어요.

1 소면을 끓는 물에 4~5분간 삶아주세요.

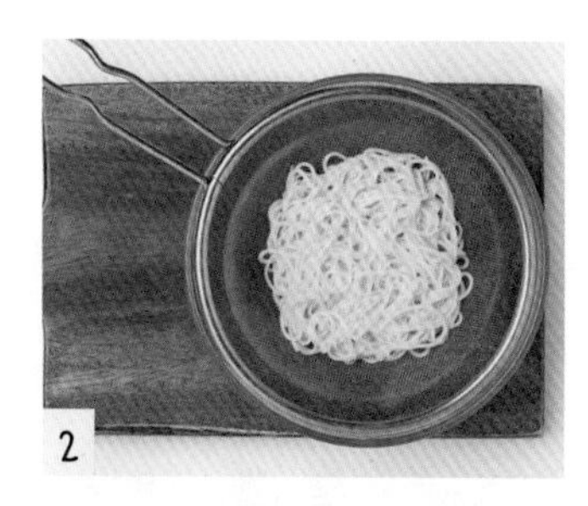

2 삶은 소면을 찬물로 헹궈내고 물기를 제거해주세요.

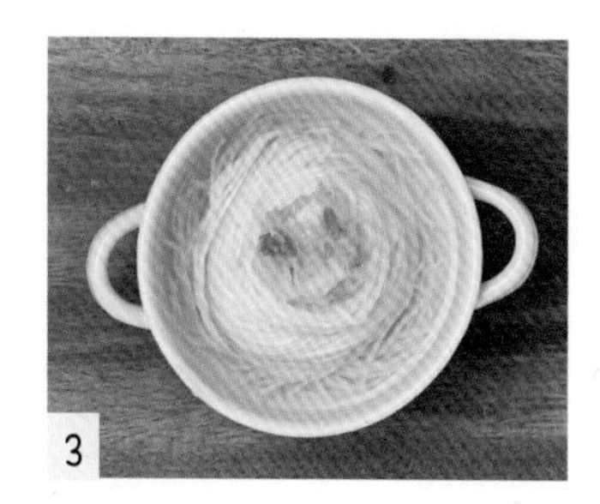

3 헹군 소면을 그릇에 담고 아기 백김치를 올린 다음 백김치 국물 100ml와 물 70ml를 넣어주세요.

김가루나 김을 넣어도 좋고, 백김치 대신 파프리카김치를 사용해도 됩니다.

2분 컷 베스트 유아식

# 버터달걀밥

아침 메뉴로 가장 많이 사랑받았던 레시피입니다.
간단하게 전자레인지에 넣어 2분이면 완성하는
메뉴로 엄마, 아빠가 먹어도 맛있답니다.

☐ 밥 100g
☐ 무염 버터 10g
☐ 채수 30ml
☐ 달걀 1개
☐ 아기 김 1봉(1.5g)
☐ 채소 플레이크 1T(선택)

※ 1회분

· 냉장 보관 3일

※ 전자레인지에 1분간 데워주세요.

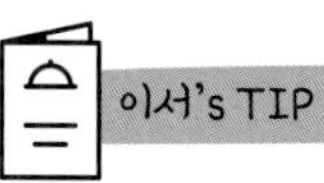


채소 플레이크는 '푸른들' 제품을 사용했어요.

용기에 따뜻한 밥, 무염 버터를 넣은 후 뚜껑을 닫아 버터를 녹입니다.

밥에 버터가 잘 스며들도록 섞어주고 달걀을 풀어 넣어주세요.

(2)에 채수 30ml를 넣고 기호에 따라 채소 플레이크를 넣어준 후 전자레인지에 2분간 돌려주세요.

(3)을 꺼내 김을 잘라 넣어 섞어주세요.

오늘도 완밥 하는 3분 레시피

# 소고기두부밥

소고기와 두부, 된장으로 3분 만에 만드는 부드럽고 맛있는 한 그릇 유아식 레시피를 소개합니다.

- ☐ 밥 100g
- ☐ 다진 소고기 50g
- ☐ 팽이버섯 10g / 양파 20g
- ☐ 채수 또는 육수 40ml
- ☐ 아기 된장 0.5T
- ☐ 두부 40g
- ☐ 채소 플레이크 1T(선택)

※ 1회분

- 냉장 보관 3일

※ 전자레인지에 1분간 데워주세요.

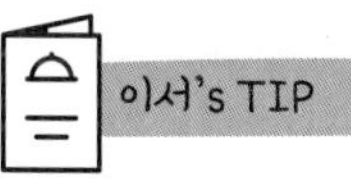


채소 플레이크는 '푸른들' 제품(동결건조 채소)을 사용했습니다.

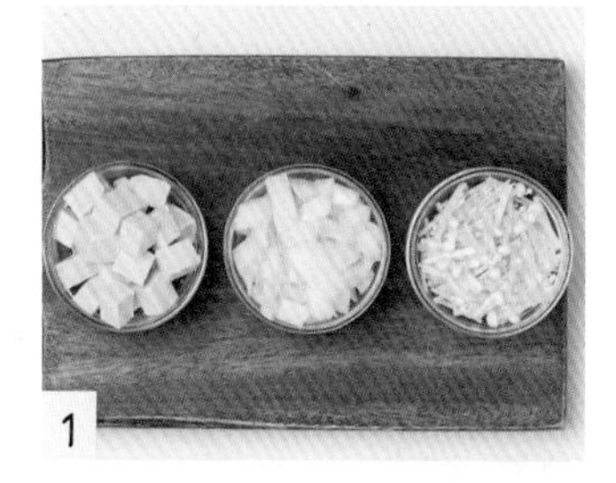

1 양파, 팽이버섯, 두부 모두 아이가 잘 먹는 크기로 잘라 준비해주세요.

2 용기에 다진 소고기와 아기 된장 0.5T을 넣어 잘 섞어주세요.

3 (2)에 양파, 팽이버섯과 채수 40ml를 함께 넣고 전자레인지에 2분간 돌려주세요.

4 (3)을 꺼내 밥, 두부, 그리고 기호에 따라 채소 플레이크를 넣고 잘 섞은 후 전자레인지에 1분간 더 돌려주세요.

철분왕 시금치 먹이기 프로젝트

# 게살시금치달걀밥

제일 먹이기 힘든 시금치를 먹게 해준, 고마운 한 그릇 유아식 레시피예요.

- ☐ 밥 100g
- ☐ 게살(크래미) 40g
- ☐ 데친 시금치 20g
- ☐ 달걀 1개
- ☐ 채수 20ml

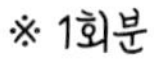

- 냉장 보관 3일

※ 전자레인지에 1분간 데워주세요.

이서's TIP

시중 게살 큐브를 사용해도 좋고, 게맛살을 데쳐서 사용해도 좋습니다. 데친 시금치가 없을 경우, 전자레인지 용기에 생시금치를 넣고 물 30~40ml를 부어 전자레인지에 1분만 돌리면 됩니다.

1

데친 시금치와 게살은 아이가 잘 먹을 수 있는 크기로 잘라 준비해주세요.

2

용기에 데친 시금치, 게살을 넣고 채수 20ml를 넣어 전자레인지에 1분간 돌려주세요.

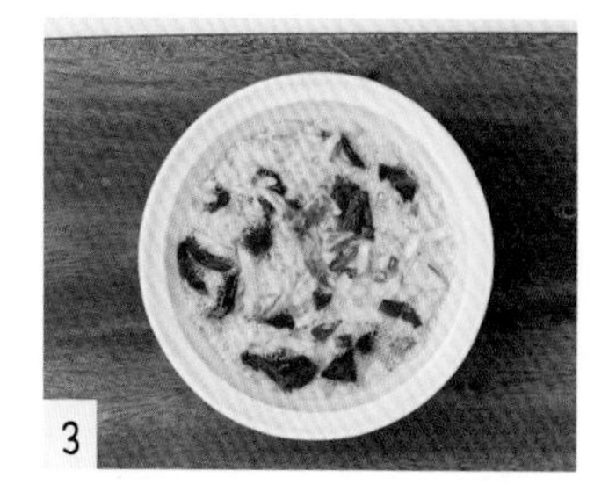

3

밥을 넣어 섞고 달걀을 풀어 넣어 재료 모두 잘 섞어주세요.

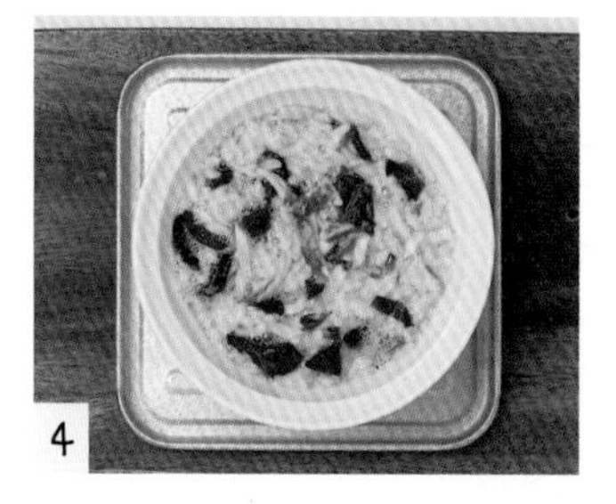

4

전자레인지에 1분 30초 더 돌려 완성합니다.

두 가지 재료로 두 배 더 맛있는 밥

# 애호박달걀덮밥

재료는 간단하지만 맛은 최고라 아침 메뉴로
추천하는 한 그릇 유아식 레시피예요.

☐ 밥 100g
☐ 애호박 40g
☐ 양파 30g
☐ 달걀 1개
☐ 채수 40ml
☐ 아기 간장 0.5T(선택)
☐ 참기름 0.5T

※ 1회분

• 냉장 보관 3일

※ 전자레인지에 1분간 데워주세요.

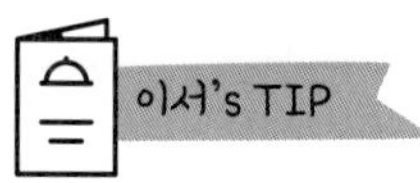


아기 간장은 생략 가능해요.

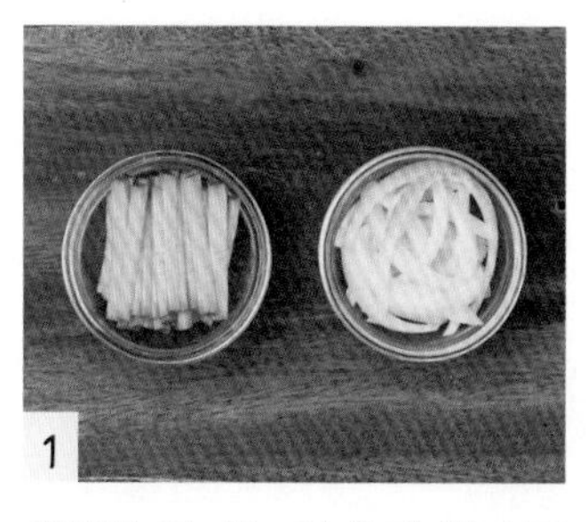

1 애호박, 양파는 얇게 채 썰어 준비해주세요.

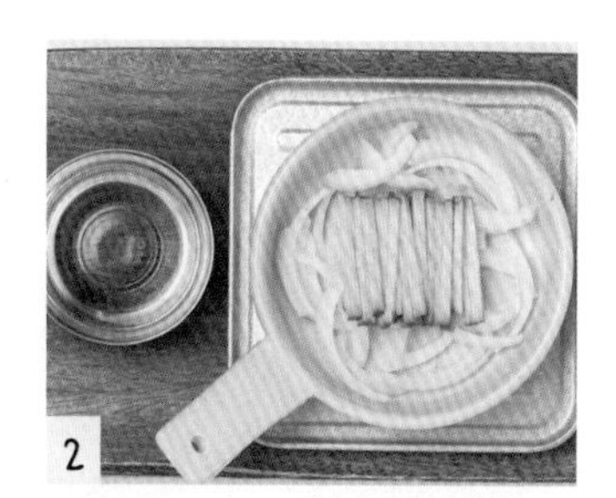

2 용기에 애호박, 양파, 채수 40ml를 넣고 전자레인지에 2분간 돌려주세요.

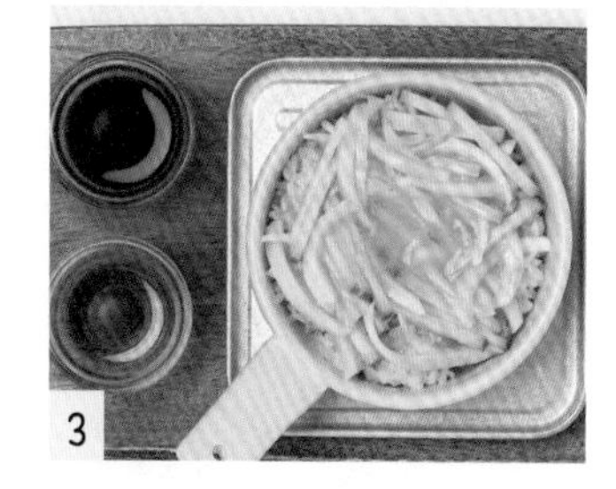

3 밥을 넣고 참기름 0.5T, 달걀을 풀어 넣은 후 기호에 따라 아기 간장 0.5T을 넣어 전자레인지에 추가로 1분간 돌려주세요. 잘 익었는지 확인한 후 30초 더 돌려도 좋습니다.

솥밥 말고 전자레인지로 만드는

# 소고기콩나물밥

솥밥도 아니고 냄비도 아니고 전자레인지로 이게 된다고? 이제 솥밥도 전자레인지로 간편하게 요리해보세요.

- ☐ 밥 100g
- ☐ 다진 소고기 50g
- ☐ 콩나물 50g
- ☐ 채수 50ml
- ☐ 아기 간장 1T(선택)
- ☐ 참기름 0.5T

※ 1회분

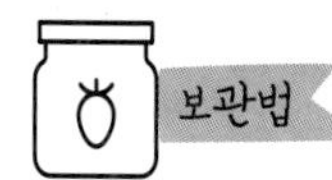


· 냉장 보관 3일

※ 전자레인지에 1분간 데워주세요.

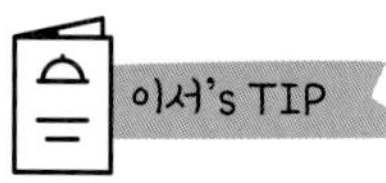


아기 간장은 생략 가능해요.

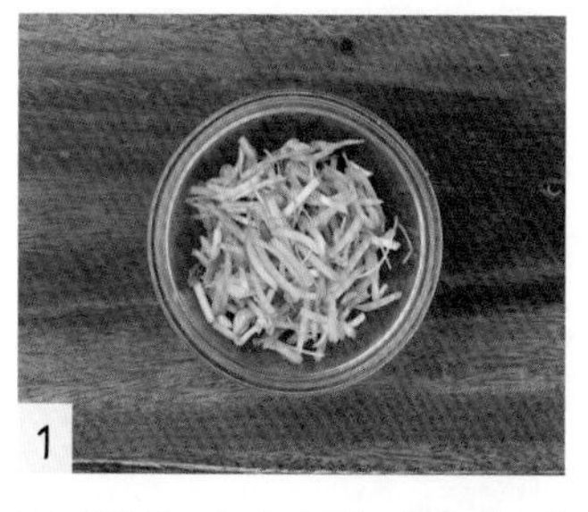


콩나물은 아이가 잘 먹을 수 있도록 2~3cm 정도 길이로 썰어 준비해주세요.

용기에 밥, 콩나물, 다진 소고기, 채수 50ml를 모두 넣어 전자레인지에 2분 30초 돌려주세요.

참기름 0.5T과 기호에 따라 아기 간장 1T을 넣은 후 잘 섞어서 전자레인지에 30초 더 돌려주세요.

밥 대신 고구마!

# 고구마에그슬럿

찐 고구마만 있으면 3분 만에 완성! 바쁜 아침마다 큰 도움이 되어준 레시피입니다.

□ 찐 고구마 120g
□ 아기 치즈 1장
□ 달걀 1개
□ 물 또는 우유 10~20ml

※ 1회분

· 냉장 보관 3일
※ 전자레인지에 1분간 데워주세요.

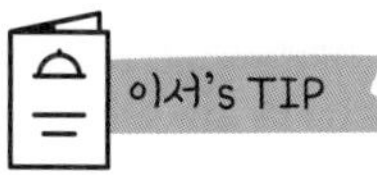


고구마는 100g 기준 전자레인지 용기에 물 50ml와 함께 담아 6~7분간 돌리면 찐 고구마가 됩니다.

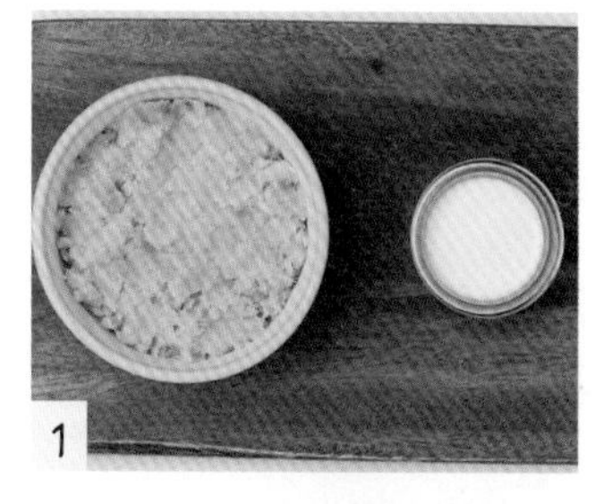

1
용기에 찐 고구마를 넣어 으깬 후 물 10~20ml를 넣어 평평하고 부드럽게 만들어주세요.

2
고구마 반죽에 아기 치즈를 올린 후 달걀을 깨뜨려 넣어 노른자를 터뜨려주세요.

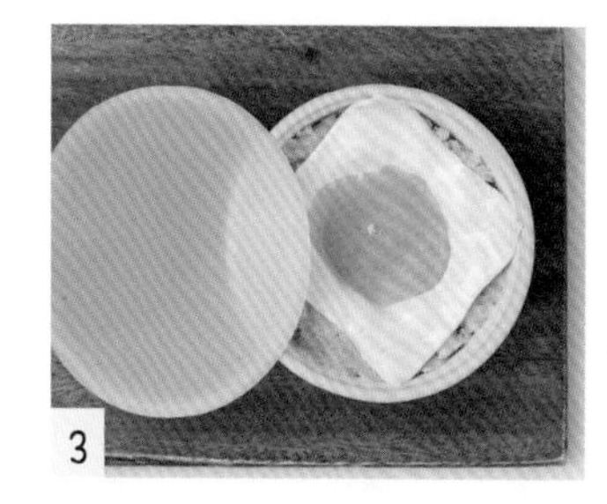

3
뚜껑을 닫고 전자레인지에 3분간 돌려주세요.

요리 초보도 무조건 3분 컷 성공

# 달걀쌀빵

간식으로 가장 많이 먹인 달걀쌀빵이에요. 네 살 언니가 된 지금도 가끔 해달라고 찾는 메뉴입니다.

- □ 쌀가루 20g
- □ 달걀 1개
- □ 우유 30ml
- □ 알룰로스 0.5T
- □ 올리브유 약간

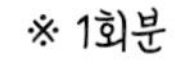
※ 1회분

- 냉장 보관 3일

※ 전자레인지에 1분간 데워주세요.

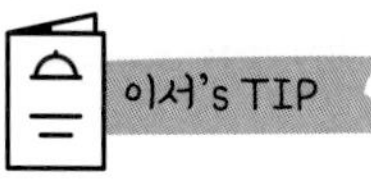


반죽에 바나나를 으깨 넣으면 맛있는 빵 레시피가 됩니다.

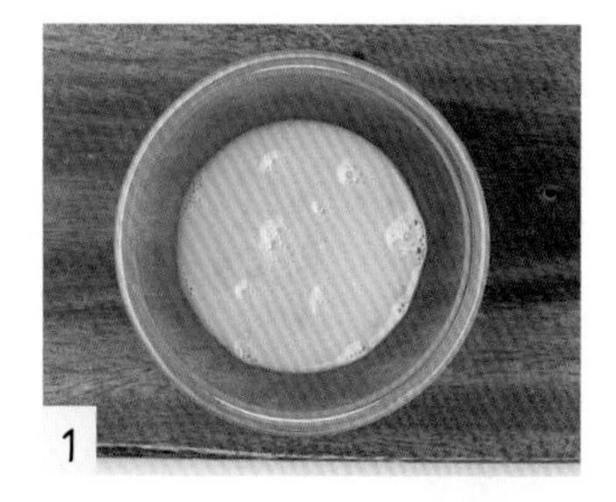
1

달걀은 잘 풀어서 준비해주세요.

2

달걀에 우유 30ml, 알룰로스 0.5T, 쌀가루를 넣어 잘 섞어주세요.

3

전자레인지 용기에 올리브유를 둘러준 후 (2)를 넣어주세요.

4

전자레인지에 2분 30초~3분간 돌려주세요.

오늘도 완밥!

# 5분 완성 유아식

부드럽고 맛있는 가자미 반찬

# 가자미간장조림

부드러운 순살 가자미에 간을 더해 더 맛있는 5분 컷 완밥 반찬입니다.

☐ 순살 가자미 80g
☐ 대파 20g
☐ 아기 간장 1.5T
☐ 쌀조청 1T
☐ 물 20ml
☐ 올리브유 약간

※ 2회분

• 냉장 보관 3일
※ 전자레인지에 1분간 데워 주세요.

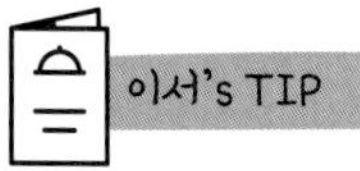


순살 가자미는 '레알푸드' 제품을 사용했습니다. 가시, 냄새가 없고 무염 제품이라 자주 애용하고 있습니다.

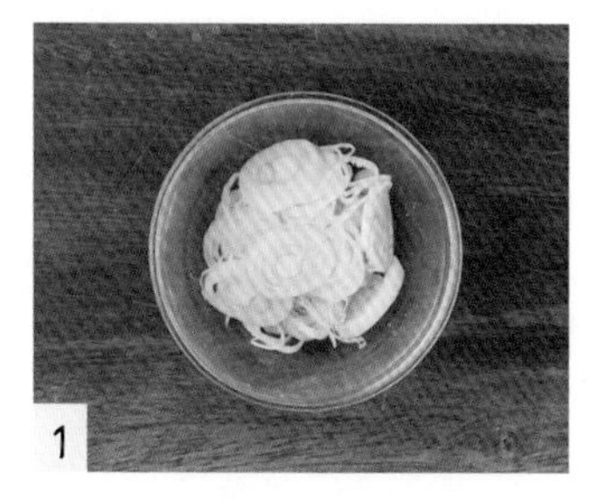

1 대파는 잘게 썰어 준비해주세요.

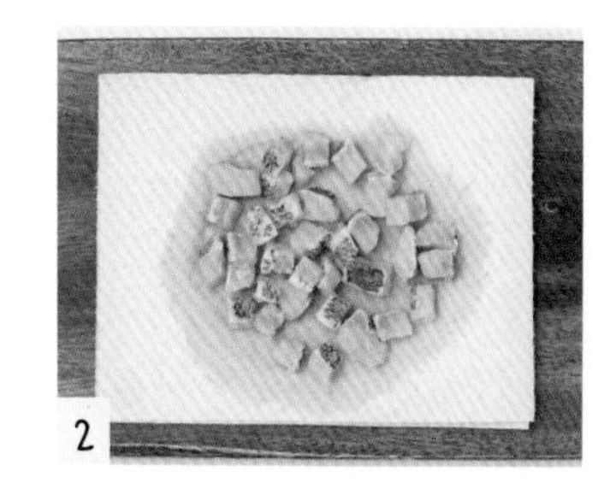

2 순살 가자미는 물기를 제거해 준비해주세요.

3 아기 간장 1.5T, 쌀조청 1T, 물 20ml를 섞어 양념장을 만들어 주세요.

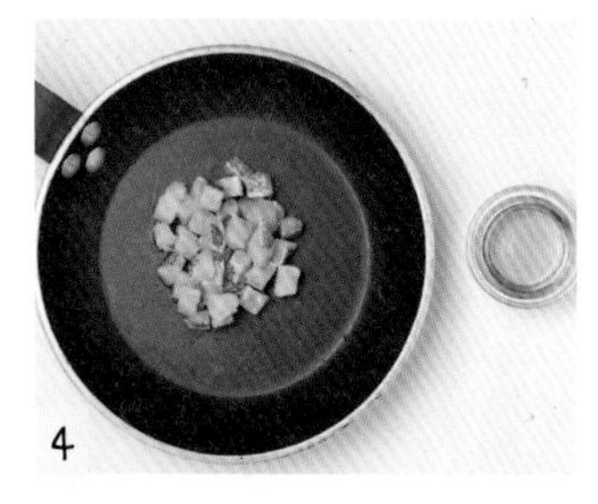

4 팬에 올리브유를 두르고 순살 가자미를 중간 불에서 3분 정도 앞뒤로 익혀가며 조리해주세요.

5 가자미가 익기 시작하면 만들어 둔 양념장을 부어준 후 대파를 넣고 뚜껑을 닫아 2분간 조려주세요.

가지 반찬 중에 제일 간단할걸?

# 가지탕수

가지로 달달하고 맛있는 탕수를 만들어보세요.
아이와 어른 모두 좋아하는 맛입니다.

- □ 가지 60g
- □ 전분 1.5T
- □ 물 20ml
- □ 알룰로스 1.5T
- □ 통깨 약간
- □ 올리브유 약간

※ 2회분

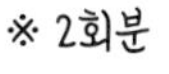

- 냉장 보관 3일

※ 전자레인지에 30초간 데워 주세요.

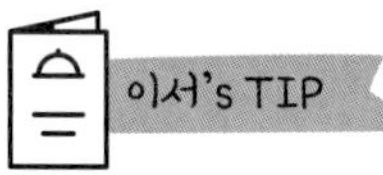


알룰로스 대신 쌀조청이나 아가베 시럽으로 단맛을 대체해도 좋아요.

가지는 아이가 잘 먹을 수 있는 크기로 깍둑 썰어 준비해주세요.

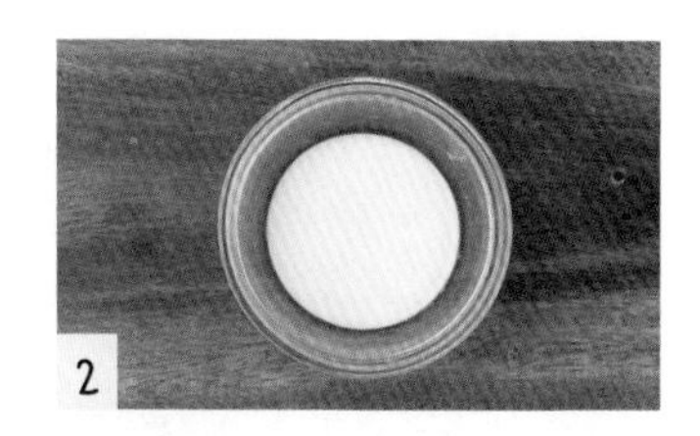


전분 1.5T과 물 20ml를 섞어 반죽을 만들어주세요.

(2)에 가지를 넣어 잘 버무려주세요.

팬에 올리브유를 두르고 가지 반죽을 익히세요.

다 익으면 그릇에 담고 팬에 있는 기름을 모두 닦아내세요.

그릇에 담았던 가지를 다시 팬에 넣고 알룰로스 1.5T을 넣어 코팅해주세요.

통깨를 약간 뿌려 마무리합니다.

고소하고 시원한

# 들깨무조림

들깻가루로 더욱 고소하고 무를 넣어 시원한 반찬이에요.

재료

☐ 무 100g
☐ 대파 20g
☐ 들깻가루 0.5T
☐ 들기름 1T
☐ 채수 100ml

※ 2~3회분

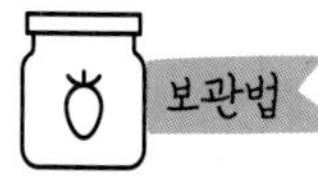

보관법

• 냉장 보관 3일

※ 냉장 보관 후 그대로 꺼내 먹거나 전자레인지에 20초간 데워주세요.

이서's TIP

무는 초록 부분이 생채, 나물용으로 가장 적합하고 맛있어요.

1

무는 얇게 채 썰어서 준비해주세요.

2

대파는 잘게 썰어 준비해주세요

3

팬에 들기름 1T을 넣어 무를 볶아주세요.

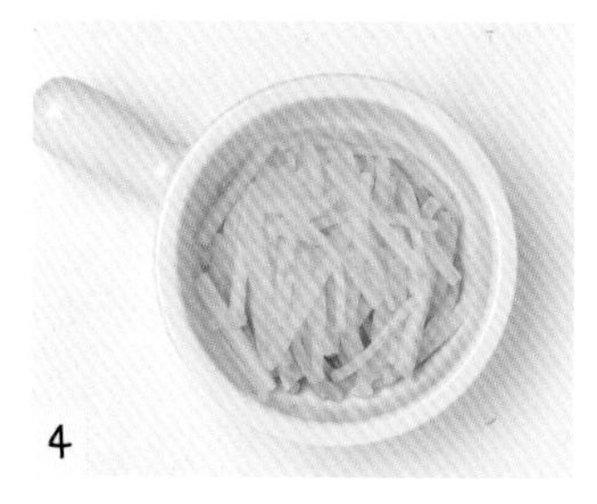

4

채수 100ml를 부은 후 중간 불에서 무가 부드러워질 때까지 3분간 끓여주세요.

5

무가 익으면 들깻가루 0.5T을 넣고 골고루 섞은 후 2분간 더 조려주세요.

6

대파를 넣어 마무리해주세요.

무염이어도 잘 먹는 가지 반찬

# 가지김무침

너무나 쉬운 레시피라 누구나 따라 할 수 있고
아이도 잘 먹으니 자주 활용해보세요.

- □ 가지 70g
- □ 양파 40g
- □ 아기 김 3장(1g)
- □ 참기름 1T
- □ 통깨 약간
- □ 물 20ml

※ 2~3회분

- 냉장 보관 3일

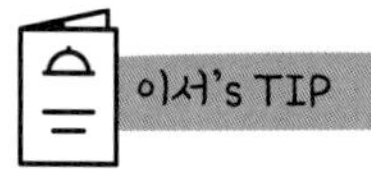


간이 부족하면 아기 간장을 0.5T 정도 넣어주세요.

가지, 양파는 깨끗이 씻고 아이가 잘 먹을 수 있는 크기로 썰어서 준비해주세요.

용기에 가지, 양파, 물 20ml를 넣고 전자레인지에 3분간 돌려주세요.

참기름 1T을 넣은 후 아기 김을 잘라 넣고 통깨 약간을 솔솔 뿌려 버무려주세요.

간편하지만 영양은 만점

# 오트밀감자채전

재료 단 세 가지로 간단하게 완성할 수 있어요. 질리지 않고 먹을 수 있는 반찬이라 자주 하게 될 거예요.

☐ 감자 100g
☐ 오트밀 15g
☐ 달걀노른자 1개 분량
☐ 아기 소금 0.5T(선택)
☐ 올리브유 약간

※ 3개

· 냉장 보관 7일
※ 전자레인지에 1분간 데워 주세요.

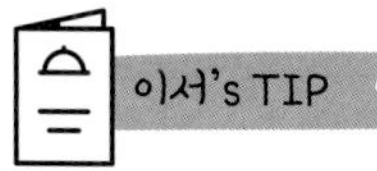


달걀을 제외하고 부침가루나 전분 1T과 물 소량으로 반죽을 만들어도 됩니다.

1 감자는 껍질을 벗긴 후 얇게 채 썰어주세요.

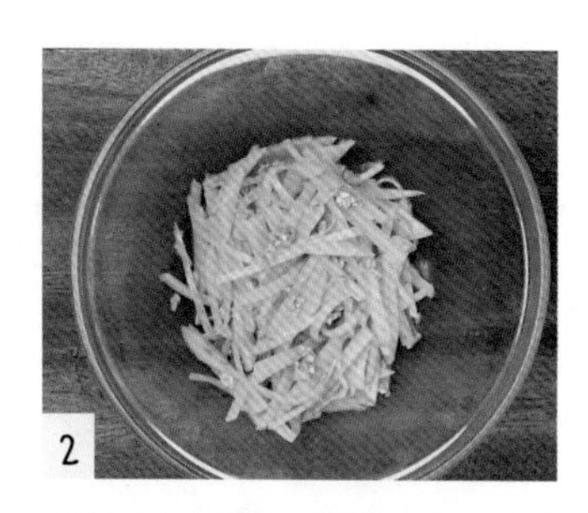

2 채 썬 감자에 오트밀을 넣고 달걀 노른자를 넣은 후 잘 섞어주세요.

3 기호에 따라 소금도 약간 넣어 주세요.

4 팬에 올리브유를 둘러 중약불로 예열한 후 반죽을 한 숟갈씩 떠 올려주세요.

5 앞뒤로 노릇하게 익혀 완성합니다.

부드러워서 잘 먹는 간단 레시피

# 양파달걀부침

아이도 잘 먹는 부드러운 달걀 반찬이에요.

재료

☐ 양파 40g
☐ 달걀 1개
☐ 부침가루 1T
☐ 물 10ml
☐ 아기 소금 0.5T(선택)
☐ 올리브유 약간

※ 3개

보관법

· 냉장 보관 7일

※ 전자레인지에 1분간 데워 주세요.

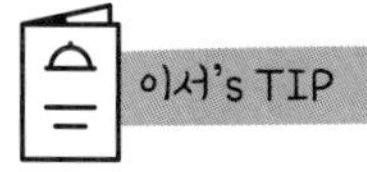

이서's TIP

양파를 반죽에 넣기 전 충분히 볶아서 익혀주면 단맛이 나서 아이들이 먹기 좋아요. 기호에 따라 당근이나 애호박을 추가해도 좋습니다.

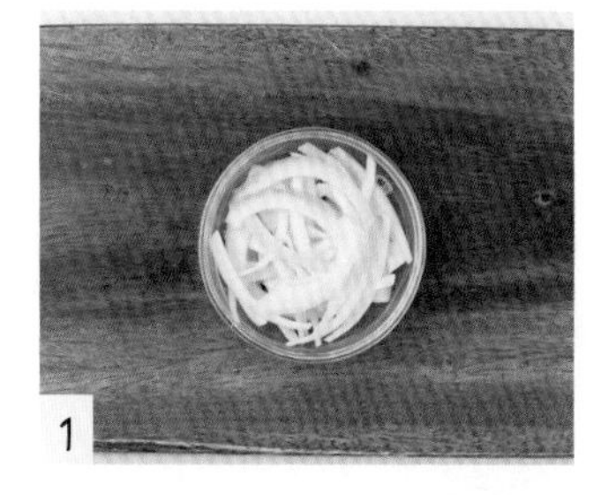

1 양파는 아이가 먹기 좋은 크기로 얇게 슬라이스해서 준비해주세요.

2 볼에 달걀을 풀어 넣고, 부침가루와 물 10ml를 넣어 골고루 섞어주세요.

3 슬라이스한 양파를 넣은 후 기호에 따라 소금을 약간 넣어주세요.

4 팬에 올리브유를 둘러 중약불로 예열한 후 반죽을 한 숟갈씩 떠 올려주세요.

5 앞뒤로 노릇하게 익혀 완성합니다.

불 없이 만드는 초간단 레시피

# 두부간장조림

아주 간단한 레시피니 냉장고 속 남아 있는 두부로
꼭 한번 만들어보세요.

☐ 두부 100g
☐ 양파 30g
☐ 아기간장 1T
☐ 쌀조청 1T

※ 3회분

• 냉장 보관 3~4일
※ 전자레인지에 1분간 데워 주세요.

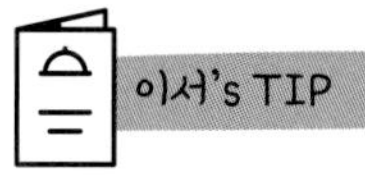


다진 채소를 함께 넣어 조리해도 좋습니다.

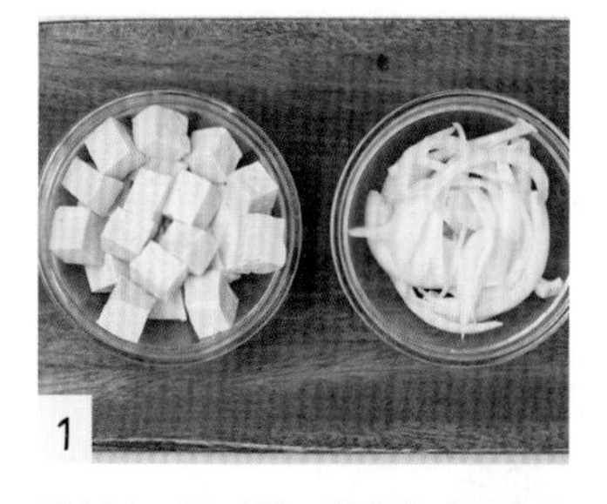

1 두부는 물기를 제거한 후 깍둑 썰고 양파는 아이가 먹기 좋은 크기로 채 썰어 준비해주세요.

2 용기에 두부, 양파를 넣어주세요.

3 그릇에 아기 간장 1T, 쌀조청 1T을 넣고 섞어 (2) 위에 골고루 뿌려주세요.

쌀조청이 없으면 단맛 내는 재료 모두 사용 가능해요.

4 전자레인지에 넣어 3분간 돌려 주세요.

우리 아이 철분 보충에 딱

# 오트밀동그랑땡

소고기와 오트밀로 만든 든든한 한입 반찬. 간편하게 만들어보세요.

재료

□ 다진 소고기 100g
□ 오트밀 20g
□ 다진 채소 30g
□ 달걀 1개
□ 아기 간장 2T
□ 올리브유 약간

※ 7~8개

보관법

· 냉장 보관 3~4일

※ 전자레인지에 1분간 데워 주세요.

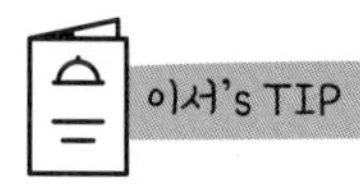

이서's TIP

당근, 애호박, 양파, 대파 등 냉장고 속 아무 채소나 사용 가능합니다.

1

볼에 다진 소고기, 오트밀, 다진 채소, 아기 간장 2T을 모두 넣고 반죽한 후 동그랗게 모양을 잡아주세요.

2

달걀을 풀어 달걀물을 만들고 반죽을 담가 달걀 옷을 입혀주세요.

3

팬에 올리브유를 두른 후 (2)를 올려 앞뒤로 익혀 완성합니다.

밀가루 대신 오트밀!

# 오트밀부추전

우리 아이가 부추도 잘 먹게 해준 일등 공신이에요.

- □ 오트밀 20g
- □ 부추 25g
- □ 달걀 1개
- □ 물 20ml
- □ 아기 소금 약간
- □ 올리브유 약간

※ 3~4개

- 냉장 보관 7일

※ 전자레인지에 1분간 데워 주세요.

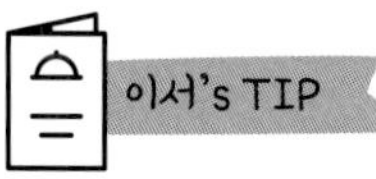


아기 소금을 생략하고 무염 반찬으로 만들어도 좋습니다.

1 부추를 깨끗이 씻어 1~2cm 길이로 잘게 썰어주세요.

부추를 물에 5분 정도 담가두면 매운 기가 빠져요.

2 볼에 달걀을 풀어 넣고 오트밀과 물 20ml를 넣어 섞어주세요.

3 부추와 소금 약간을 넣은 후 잘 섞어 반죽을 완성해주세요.

4 팬에 올리브유를 둘러 반죽을 한 숟갈씩 떠서 부치고, 앞뒤로 노릇하게 구워 완성하세요.

아이도 남편도 너무 좋아하는 새우 반찬

# 새우채소전

동그랑땡보다 전 느낌으로 얇게 부쳐 더욱 맛있는 새우 반찬이에요.

☐ 냉동 흰다리새우 100g
☐ 다진 채소 50g
☐ 전분 1T
☐ 달걀노른자 1개 분량
☐ 올리브유 적당량

※ 7~8개

· 냉장 보관 3~4일

※ 전자레인지에 1분간 데워 주세요.

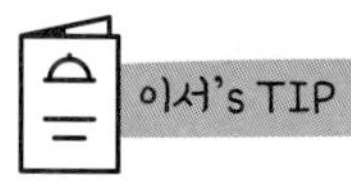


당근, 애호박, 양파, 대파 등 냉장고 속 아무 채소나 사용 가능합니다.

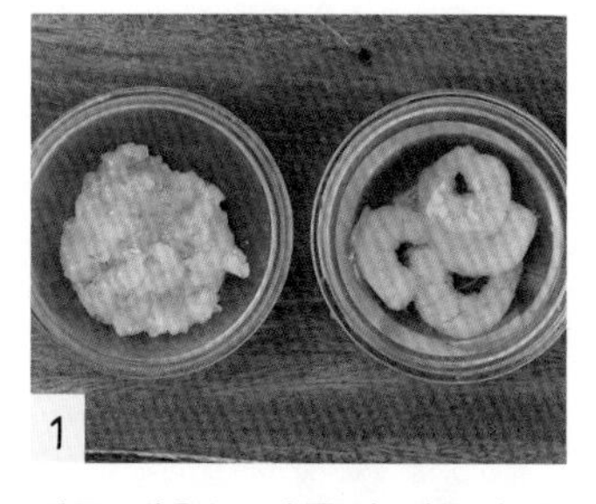

1 냉동 새우는 찬물에 해동한 후 차퍼로 완전히 다져주세요.

2 다진 새우에 다진 채소를 넣고 전분 1T과 달걀노른자를 섞어 반죽해주세요.

3 팬에 올리브유를 넉넉하게 두르고 숟가락으로 반죽을 한 숟갈씩 떠 올려주세요. 바닥 면이 익으면 뒤집어주고, 앞뒤로 노릇노릇 익혀 완성하세요.

두부로 만드는 초간단 스테이크

# 두부치즈스테이크

초기 유아식부터 먹일 수 있는 건강한 반찬이에요.
만드는 법도 쉬우니 자주 만들어보세요.

- □ 두부 ¼모
- □ 다진 채소 40g
- □ 아기 치즈 2장
- □ 올리브유 적당량

※ 2개

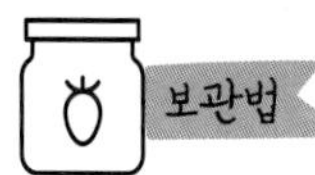


· 냉장 보관 2~3일

※ 전자레인지에 30초 데워주세요.

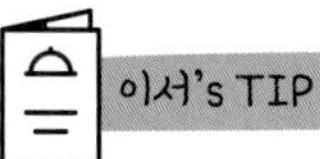


당근, 애호박, 양파, 대파 등 냉장고 속 아무 채소나 사용 가능합니다.

1

두부는 키친타월로 물기를 제거하고 얇게 반 잘라주세요.

2

팬에 올리브유를 두른 후 다진 채소를 넣어 노릇하게 볶아 그릇에 담아주세요.

3

다시 팬에 올리브유를 두르고 두부를 넣어 앞뒤로 노릇하게 구워주세요.

4

불을 끈 후 두부 위에 볶아둔 채소를 올려주세요.

5

(4) 위에 아기 치즈를 1장씩 이불처럼 덮어주세요(두부-볶은 채소-아기 치즈 순).

6

팬 뚜껑을 덮고 잔열로 15~30초 정도 치즈를 녹여주세요.

톡톡 씹히는 식감이 재미있는

# 새우김전

재료 간단! 만드는 법은 초간단! 우리 아이 베스트 새우 반찬입니다.

- □ 냉동 흰다리새우 60g
- □ 부침가루 2T
- □ 아기 김 1봉(1.5g)
- □ 물 20ml
- □ 올리브유 적당량

※ 2~3개

· 냉장 보관 3일

※ 전자레인지에 30초~1분간 데워주세요.

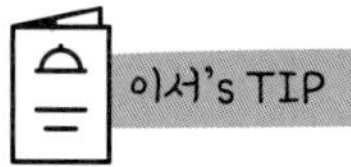


유아식에 자주 쓰는 흰다리새우는 손질까지 다 되어 있는 제품을 구입하는 것이 편해요.

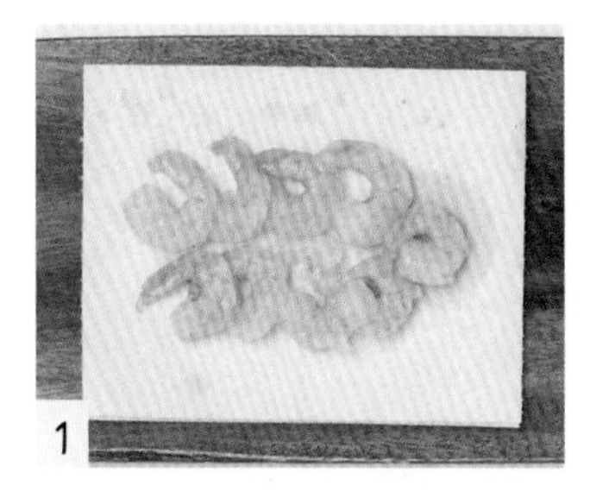

1

냉동 흰다리새우는 찬물에 해동한 다음 물기를 닦아 준비해주세요.

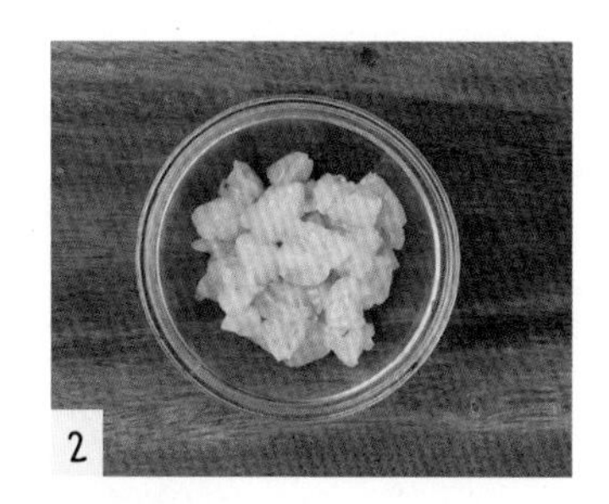

2

흰다리새우를 1cm 길이로 잘라 준비해주세요.

유아식 초기의 경우 잘게 다져도 좋습니다.

3

볼에 흰다리새우를 넣고 아기 김을 잘라 넣은 다음 부침가루 2T과 물 20ml를 넣어 반죽해주세요.

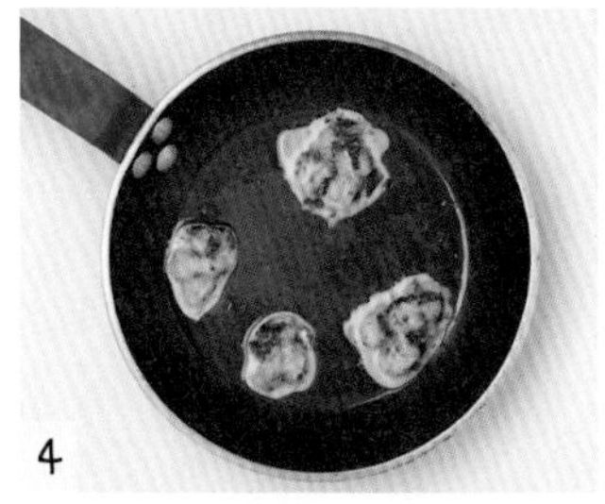

4

팬에 올리브유를 넉넉하게 두른 후 반죽을 올려 앞뒤로 노릇하게 익혀주세요.

부드럽고 맛있는 반찬

# 단호박버터치즈전

단호박으로 어른도 아이도 맛있게 먹을 수 있는 전을 만들어보세요.

☐ 찐단호박 150g
☐ 쌀가루 20g
☐ 물 20ml
☐ 아기치즈 1~2장
☐ 무염버터 20g

※ 2~3개

• 냉장 보관 3일
※ 전자레인지에 30초~1분간 데워주세요.

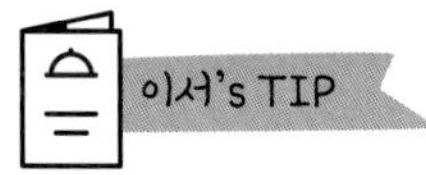


일반 단호박보다 미니 밤호박이 달고 맛있어 더 잘 먹어요.

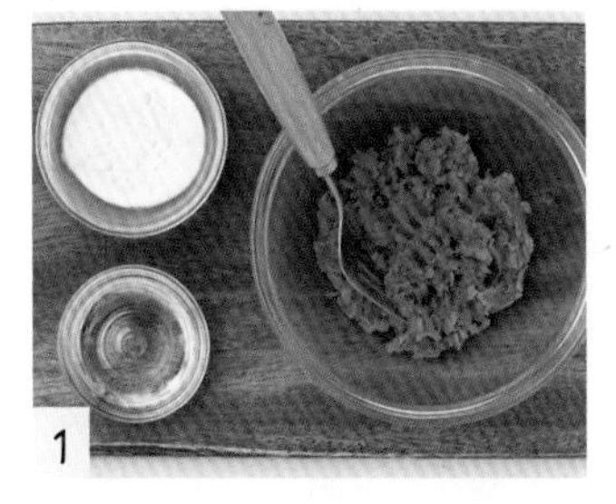
1

찐 단호박은 따뜻할 때 으깨고 쌀가루와 물 20ml를 넣어 반죽해주세요.

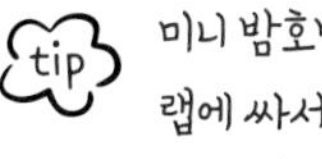

미니 밤호박 300g 기준 랩에 싸서 전자레인지에 5분간 돌리면 충분히 익습니다.

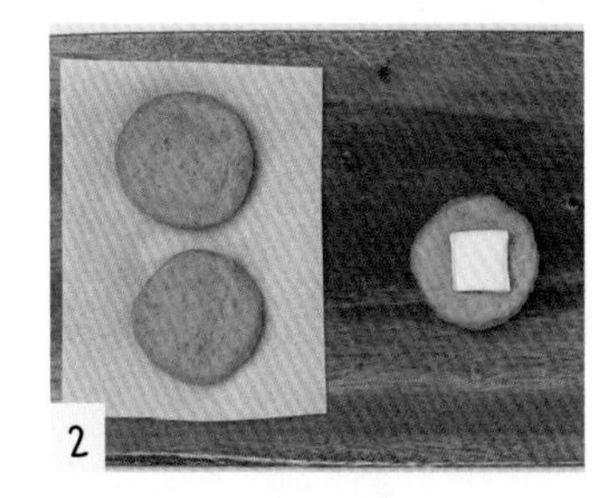
2

반죽을 약 50g씩 떼어 동그랗게 만들어준 후 반죽 속에 아기 치즈를 ½장씩 넣어주세요.

3

팬에 무염 버터를 넣어 녹인 후 동그랗게 만든 단호박치즈 반죽을 올려주세요.

4

눌러가며 앞뒤로 익혀주세요.

아삭아삭 맛있는 양배추 요리

# 돼지고기양배추전

든든한 한 끼 반찬으로 딱! 돼지고기와 양배추가 어우러진 간편 부침 요리를 만들어보세요.

☐ 양배추 70g
☐ 다진 돼지고기 50g
☐ 부침가루 2T
☐ 물 30ml
☐ 아기 소금 약간(선택)
☐ 올리브유 적당량

※ 4~5개

· 냉장 보관 5일
※ 전자레인지에 30초~1분 데워주세요.

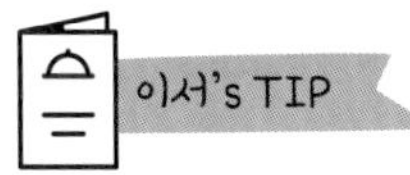

더 고소한 맛을 원한다면 반죽에 달걀 1개를 추가해도 좋습니다.

양배추는 얇게 채 썰어 준비해주세요.

다진 돼지고기에 기호에 따라 아기 소금을 약간 뿌려 간해주세요.

볼에 양배추와 돼지고기, 부침가루, 물 30ml를 넣어 반죽해주세요.

팬에 올리브유를 넉넉히 두르고 반죽을 한 숟갈씩 떠서 5cm 크기로 얇게 펴주세요. 앞뒤가 노릇하게 익을 때까지 부쳐주세요.

매운맛 없이 즐기는

# 소고기김치전

아기 김치로 만드는 순한 맛. 간식으로도 반찬으로도 딱이에요.

- □ 다진 소고기 50g
- □ 다진 아기 김치 40g
- □ 부침가루 2T
- □ 물 30ml
- □ 올리브유 적당량

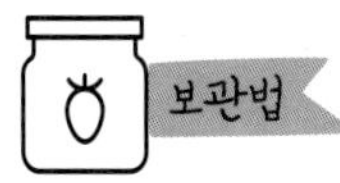


- 냉장 보관 7일

※ 전자레인지에 30초~1분 데워주세요.

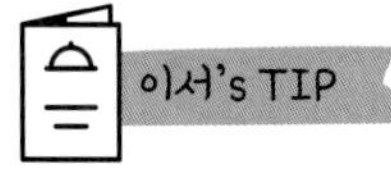


아기 김치 브랜드 '얼라맘마'의 아기배추김치를 사용했어요.

1

볼에 부침가루와 물 30ml를 섞어 반죽을 만든 다음 다진 김치와 다진 소고기를 넣어 섞어주세요.

2

팬에 올리브유를 넉넉히 두르고 반죽을 한 숟갈씩 떠서 5cm 크기로 얇게 펴주세요.

3

앞뒤가 노릇하게 익을 때까지 부쳐주세요.

정말 간단하게 만드는 초스피드 요리

# 감자전

가루 없이, 따로 간할 필요도 없이 딱 감자 2개만 준비해주세요.

☐ 감자 2개(250g)
☐ 올리브유 약간

※ 8개

· 냉장 보관 7일
※ 전자레인지에 30초~1분 데워주세요.

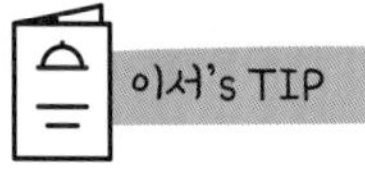

찍어 먹는 소스로 '얼라맘마'의 '왓에버소스'를 활용했어요.

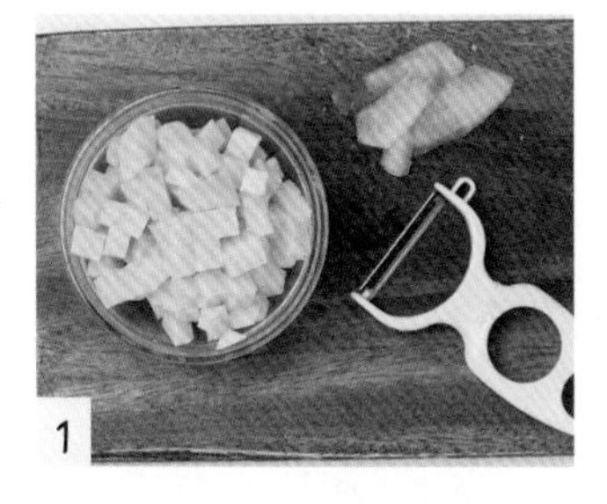

1
감자는 깨끗이 씻어 채칼로 껍질을 벗긴 후 크게 깍둑 썰어 준비해주세요.

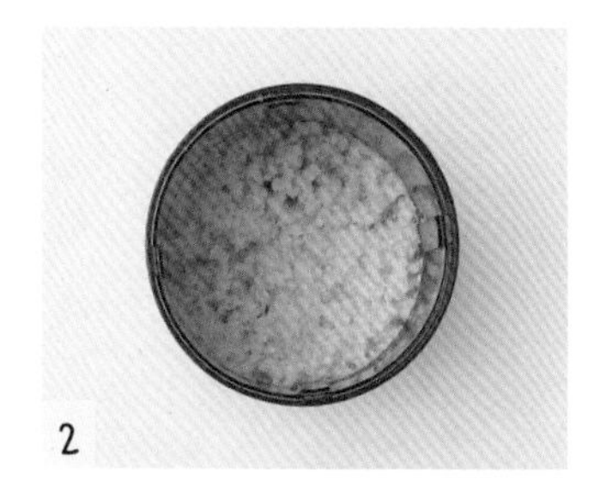

2
차퍼나 믹서에 감자를 넣어 완전히 갈아주세요.

이 과정에서 전분물이 많이 나오면 면보로 짜서 제거해주세요.

3
팬에 올리브유를 두르고 반죽을 한 숟갈씩 떠 올려 앞뒤로 노릇하게 익혀주세요.

누구나 성공하는

# 버터새우전

누구나 만들 수 있고 누구나 잘 먹을 수밖에 없는 레시피예요.

재료

☐ 냉동 흰다리새우 8마리
☐ 무염 버터 15g
☐ 쌀가루 5T
☐ 달걀 1개

※ 8개

보관법

• 냉장 보관 5일

※ 전자레인지에 30초~1분 돌려주세요.

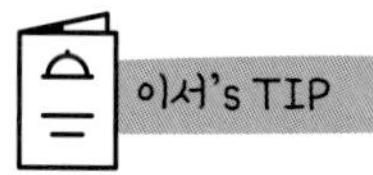
이서's TIP

흰다리새우는 손질된 냉동 제품으로 사용하면 편해요.

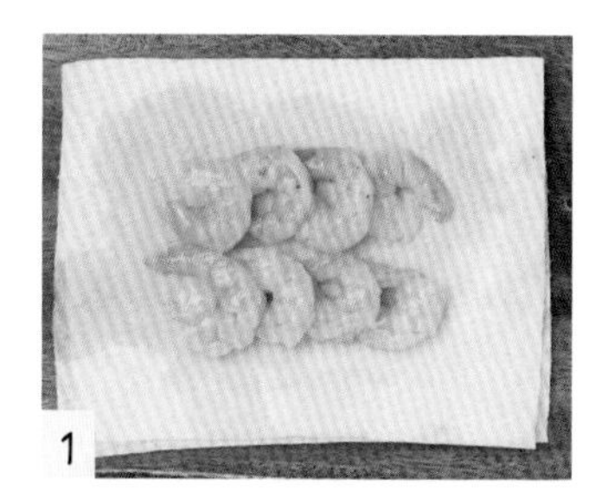
1

냉동 새우는 찬물에 담가 해동한 후 물기를 제거해주세요.

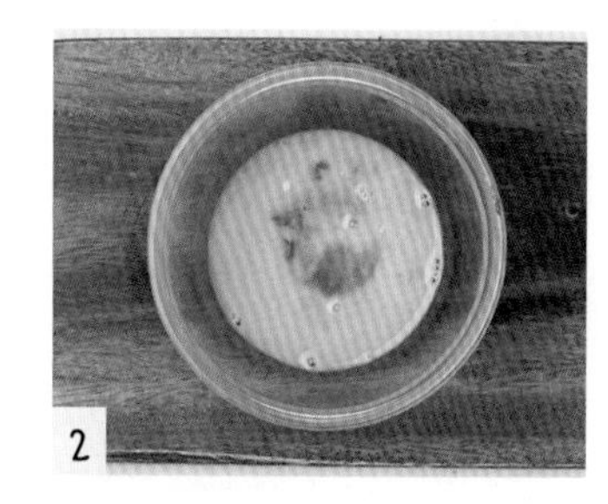
2

달걀은 미리 풀어주세요.

3

새우에 쌀가루, 달걀물 순으로 입혀주세요.

4

팬에 무염 버터를 넣어 녹이고 새우를 올려 앞뒤로 노릇하게 익혀주세요.

버섯과 된장으로 만드는

# 만능비빔장

밥에 비벼서 주거나 김에 싸서 김밥으로 만들어줘도
잘 먹는 양념장이에요.

재료

- ☐ 다진 버섯 60g
- ☐ 다진 채소 40g
- ☐ 아기 된장 1.5T
- ☐ 알룰로스 1T
- ☐ 물 30ml
- ☐ 올리브유 약간

※ 3회분

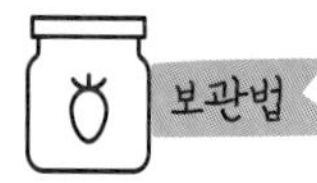

보관법

- 냉장 보관 2주

※ 전자레인지에 30초~1분 돌려 주세요.

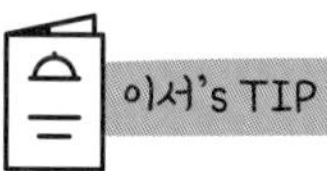

이서's TIP

당근, 애호박, 양파, 대파 등 냉장고 속 아무 채소나 사용 가능합니다.

1

버섯과 채소는 아이가 잘 먹을 수 있는 크기로 다져서 준비해 주세요.

버섯과 채소는 종류 상관 없이 사용해도 좋습니다.

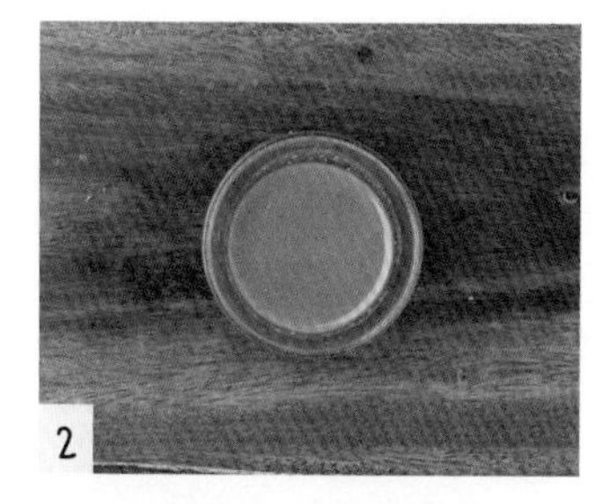

2

아기 된장 1.5T, 알룰로스 1T, 물 30ml를 섞어 양념장을 만들어 주세요.

3

팬에 올리브유를 두르고 다진 버섯, 다진 채소를 넣어 볶아주세요.

4

만들어둔 양념장을 넣고 1분간 조려주세요.

전자레인지로 만드는 초간단 간장감자조림

# 전자레인지간장감자조림

불 앞에 서 있을 필요 없이 편하게 전자레인지로 만들 수 있는 반찬이에요. 더운 여름에 아주 유용한 레시피입니다.

☐ 감자 1개(90g)
☐ 아기간장 1.5T
☐ 알룰로스 1T
☐ 물 30ml
☐ 통깨 약간
☐ 올리브유 1T

※ 3회분

· 냉장 보관 2주

※ 전자레인지에 30초~1분 돌려 주세요.

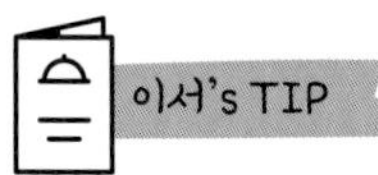


양파, 당근 등 채소를 약간 추가해도 좋습니다.

1 감자는 깨끗이 씻어 껍질을 제거한 후 깍둑 썰어 준비해주세요.

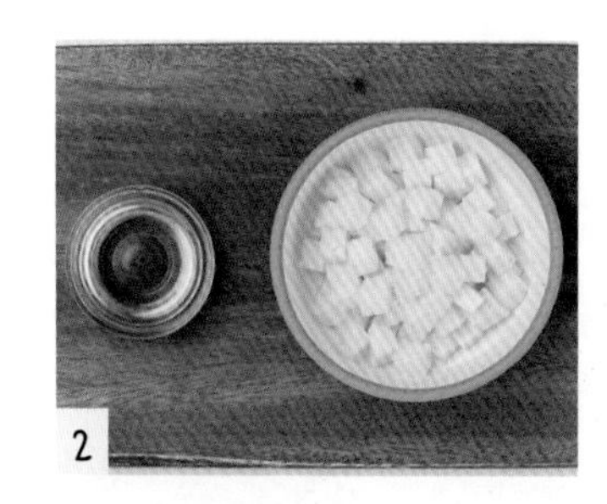

2 용기에 감자를 담고 올리브유 1T을 넣어 잘 버무려주세요.

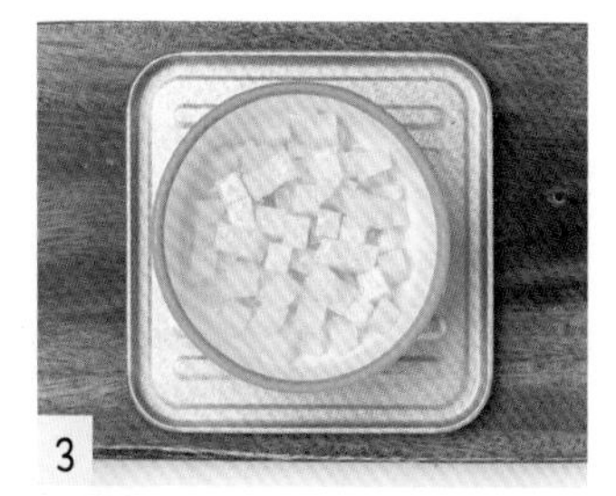

3 전자레인지에 넣어 2분간 돌려주세요.

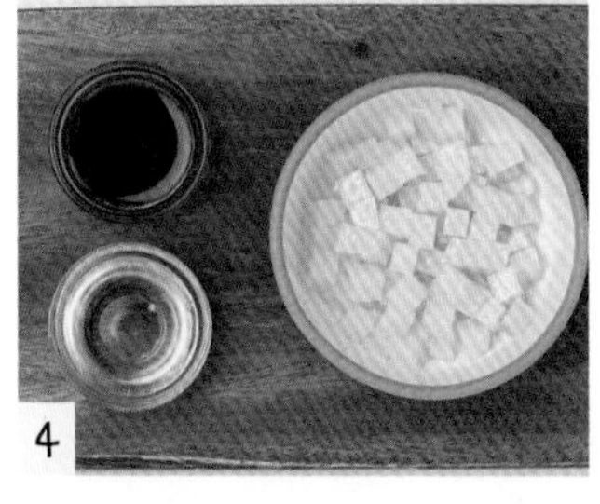

4 (3)을 꺼내 아기 간장 1.5T, 알룰로스 1T, 물 30ml를 넣어 다시 한번 버무려주세요.

알룰로스 대신 쌀조청, 아가베 시럽 등 단맛 재료로 대체해도 됩니다.

5 전자레인지에 3분 더 돌린 후 통깨를 약간 뿌려 마무리합니다.

전자레인지로 4분 만에 끝내는

# 차돌박이숙주찜

아이는 물론 엄마, 아빠도 아주 맛있게 먹을 수 있는 레시피예요. 온 가족이 함께 즐겨보세요.

☐ 차돌박이 80~100g
☐ 숙주 50g
☐ 팽이버섯 30g
☐ 아기간장 1.5T
☐ 쌀조청 0.5T
☐ 물 20ml

※ 3회분

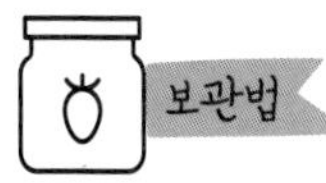


· 냉장 보관 5일

※ 전자레인지에 30초~1분 돌려주세요.

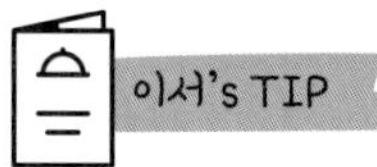


애호박, 당근 등 다른 채소를 추가해도 좋습니다.

용기에 숙주, 차돌박이, 팽이버섯, 차돌박이, 팽이버섯 순으로 재료를 쌓아 올려주세요.

(1) 위에 물 20ml, 아기 간장 1.5T, 쌀조청 0.5T을 넣어주세요.

뚜껑을 닫아 전자레인지에 4분간 돌려주세요.

완성되면 아이가 잘 먹는 크기로 잘라주세요.

게살과 애호박의 맛있는 만남

# 게살애호박볶음

버터 오일을 넣어 더욱 맛있는 게살애호박 반찬 레시피입니다.

재료

- □ 게살(크래미) 1조각(20g)
- □ 애호박 20g
- □ 양파 10g
- □ 버터 오일 또는 무염 버터 10g

※ 2회분

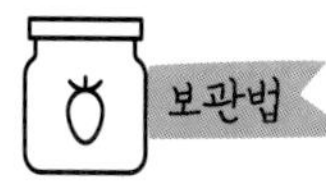

보관법

- 냉장 보관 5일

※ 전자레인지에 30초~1분 돌리거나 그대로 꺼내 먹어도 좋습니다.

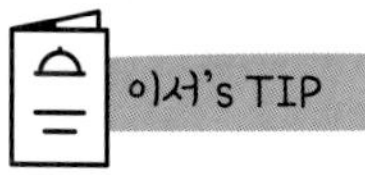

이서's TIP

당근을 추가해도 됩니다.

1

게살은 포크로 찢고 애호박, 양파는 얇게 채 썰어 준비해주세요.

2

팬에 버터 오일을 두르거나 무염 버터를 넣어 녹여주세요.

3

애호박, 양파를 볶아주세요.

중약불에서 3분 정도 볶습니다.

4

게살을 넣고 1분간 더 볶아주세요.

부드럽고 맛있는

# 두부새우전

유아식 초기부터 쭉 먹일 수 있는 간단하고도 맛있는 반찬이에요.

☐ 냉동 흰다리새우 80g
☐ 두부 ½모
☐ 달걀 1개
☐ 다진 채소 60g
☐ 부침가루 1T
☐ 올리브유 약간

※ 8개

· 냉장 보관 5일

※ 전자레인지에 30초~1분 데워주세요.

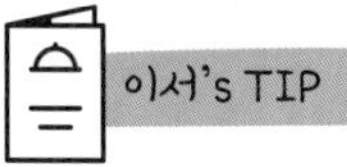


당근, 애호박, 양파, 대파 등 냉장고 속 아무 채소나 사용 가능합니다.

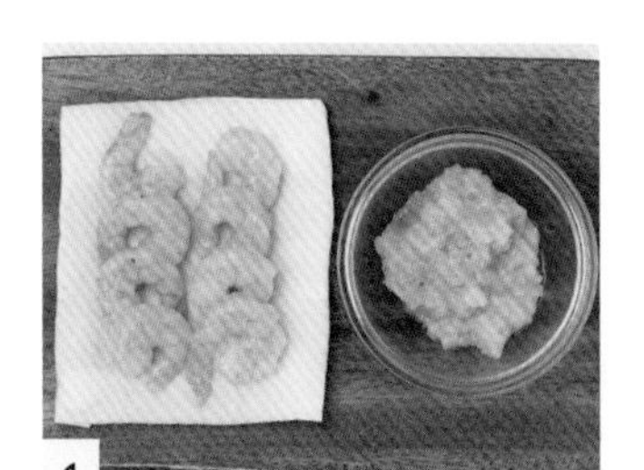


냉동 새우는 찬물에 해동한 다음 물기를 제거해 차퍼로 다져주세요.

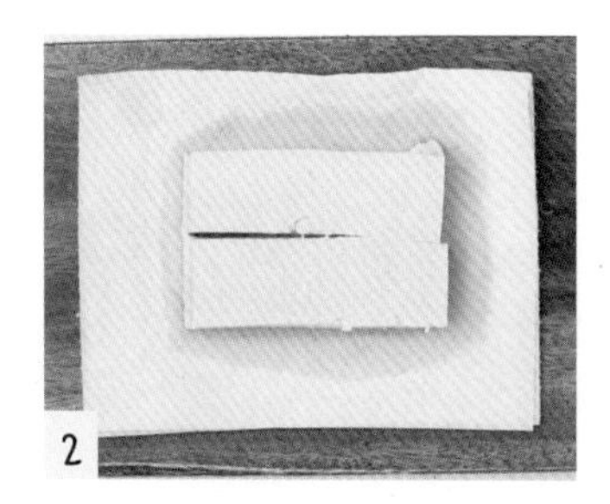


두부는 키친타월로 물기를 제거해주세요.

볼에 다진 새우와 두부, 다진 채소를 넣어 섞어주세요.

부침가루와 달걀을 넣어 반죽해주세요.

팬에 올리브유를 두른 후 한 숟갈씩 반죽을 떠 올려주세요.

앞뒤로 노릇하게 익혀 마무리합니다.

부드럽고 맛있는 감자와 달걀의 조합

# 감자달걀국

유아식 초기부터 먹일 수 있는 맛있는 국이라 자주 끓이게 될 거예요.

☐ 감자 90g
☐ 물 350ml
☐ 국물 팩 1개
☐ 달걀 1개
☐ 대파 10g

※ 3회분

• 냉동 보관 2~3주

※ 전자레인지에 3분간 돌려 주세요.

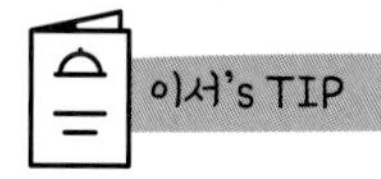


국물 팩 대신 채수를 사용해도 됩니다.

1

감자는 깨끗이 씻은 후 작게 깍둑 썰어 준비해주세요.

2

물 350ml에 국물 팩을 우려주세요.

3

감자를 넣고 3분 정도 끓이다가 달걀을 풀어 넣고 대파를 썰어 넣어 마무리합니다.

바쁠 때 후다닥, 만능 레시피

# 사골김국

만둣국, 어묵국, 우동 등 다양한 요리에 활용 가능한 만능국 레시피를 소개합니다.

- ☐ 사골 육수 500ml
- ☐ 아기 김 1봉(1.5g)
- ☐ 달걀 1개
- ☐ 대파 10g

※ 3회분

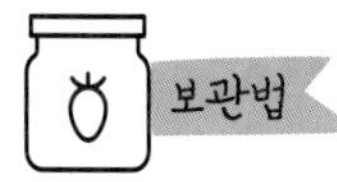


- 냉동 보관 2~3주

※ 전자레인지에 3분간 돌려 주세요.

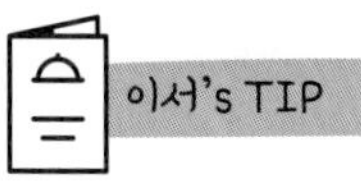


우동 면, 만두, 어묵 등에 넣어 사골우동, 사골만둣국, 사골어묵국 등으로 활용할 수 있어요.

1 대파는 잘게 채 썰어 준비해주세요.

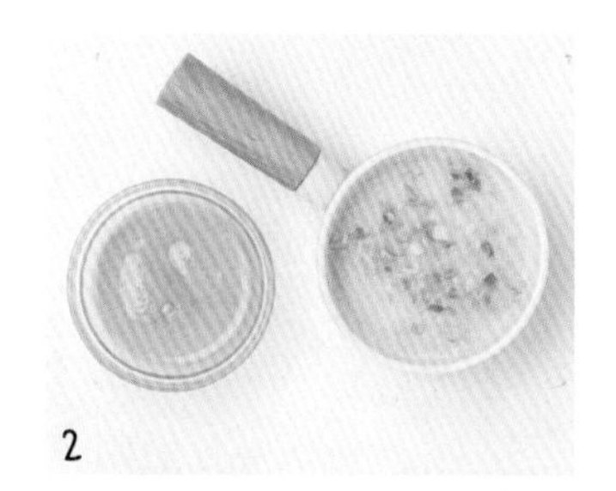

2 사골 육수 500ml를 끓이다가 달걀을 풀어 넣고 대파를 넣어 주세요.

3 아기 김을 잘라 넣어서 마무리 합니다.

5분 뚝딱 된장국

# 청경채된장국

청경채와 된장만으로도 맛있는 국을 끓일 수 있어요.
온 가족 간단한 한 끼로 활용하기 좋아요.

☐ 청경채 20g
☐ 두부 ¼모
☐ 물 500ml
☐ 아기 된장 1T

※ 3회분

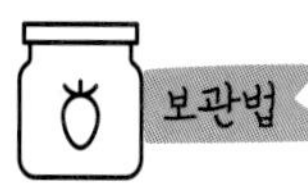


· 냉동 보관 2~3주

※ 전자레인지에 3분간 돌려 주세요.

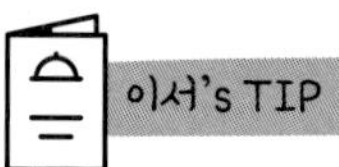


국밥으로 만들어 한 그릇 유아식으로 줘도 잘 먹어요.

1

청경채는 깨끗이 씻어 아이가 먹기 좋은 크기로 썰어서 준비하세요.

2

두부도 작게 깍둑 썰어 준비해주세요.

3

물 500ml에 된장 1T을 풀어 끓여주세요.

4

청경채를 넣고 2분간 더 끓여주세요.

5

두부를 넣어 1분 더 끓여 완성하세요.

소고기와 콩나물의 시원한 만남

# 소고기콩나물국

따뜻한 국물 요리라 국밥으로도 너무 좋은 콩나물국 레시피예요.

□ 콩나물 50g
□ 다진 소고기 100g
□ 두부 ¼모
□ 물 400ml
□ 대파 10g
□ 아기 간장 1T

※ 3회분

· 냉동 보관 2~3주

※ 전자레인지에 3~4분 돌려주세요.

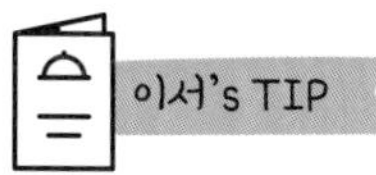


국밥으로 해줘도 잘 먹어요.

콩나물은 잘 씻어 3cm 길이로 잘라 준비해주세요.

두부는 작게 깍둑 썰고 대파는 잘게 채 썰어 준비해주세요.

냄비에 다진 소고기를 볶아주세요.

(3)에 아기 간장 1T을 넣어 볶아주세요.

콩나물을 넣고 물 400ml를 부어 푹 끓여주세요.

간이 부족하면 아기 간장 1T을 추가해주세요.

두부와 대파를 넣어 1분간 더 끓여주세요.

전혀 맵지 않아서 좋은

# 순두부찌개

파프리카장으로 어른 음식 흉내를 내본 레시피예요.
그렇지만 맛은 어른 순두부찌개 못지않아요.

재료

- □ 다진 소고기 90g
- □ 양파 40g
- □ 대파 10g
- □ 애호박 30g
- □ 감자 30g
- □ 순두부 110g
- □ 파프리카장 1T
- □ 물 350ml
- □ 올리브유 약간

※ 3회분

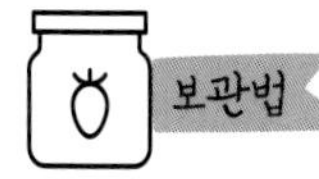

보관법

- 냉동 보관 2~3주

※ 전자레인지에 3~4분간 데워주세요.

이서's TIP

어른 음식 탐낼 때 전혀 맵지 않은 파프리카장으로 만들어보세요. 파프리카장은 파프리카로 빨간색을 낸 고추장 대체재로 아이 음식에 사용할 수 있어요. 유아식 브랜드 '얼라맘마'의 파프리카장을 사용했어요.

1 모든 채소는 아이가 잘 먹을 수 있는 크기로 깍둑 썰거나 채 썰어 준비해주세요.

2 다진 소고기에 파프리카장 1T을 넣어 버무려주세요.

3 냄비에 올리브유를 둘러 양념한 다진 소고기를 넣고 살짝 볶아주세요.

4 양파, 대파, 애호박, 감자를 넣고 볶아주세요.

5 양념이 어느 정도 배어들면 물 350ml를 넣고 끓여주세요.

6 순두부를 넣어 으깨고 2분 정도 더 끓여주세요.

부들부들 맛있는

# 버터장조림덮밥

장조림을 활용한 레시피로 반찬 말고 한 그릇
유아식으로도 만들어주세요.

재료

☐ 밥 100g
☐ 달걀 1개
☐ 우유 20ml
☐ 무염 버터 10g
☐ 아기 장조림 20g
☐ 장조림 국물 2T
☐ 올리브유 약간

※ 1회분

보관법

- 냉장 보관 3일

※ 전자레인지에 1분간 데워주세요.

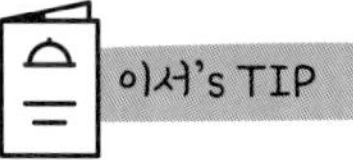

이서's TIP

아기 김 1봉이나 김자반을 조금 넣어 함께 먹어도 맛있어요.

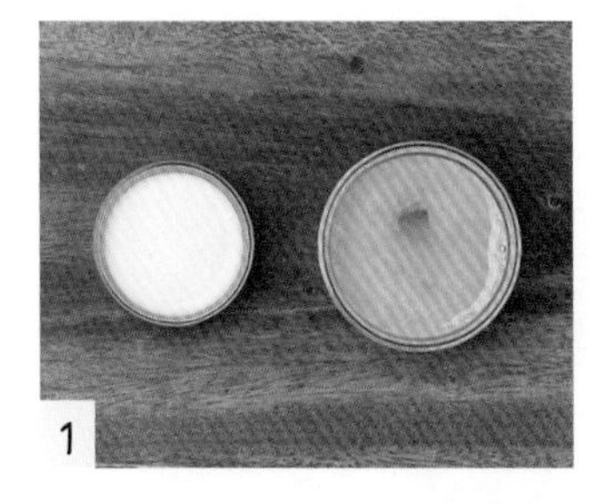

1 그릇에 달걀, 우유 20ml를 넣어 섞어주세요.

2 팬에 올리브유를 두르고 (1)을 넣어 스크램블드에그를 만들어주세요.

3 그릇에 따뜻한 밥을 담아주세요.

4 밥 속에 무염 버터를 넣어 녹여주세요.

5 밥 위에 스크럼블드에그를 올려주세요.

6 장조림과 장조림 국물 2T을 올려주세요.

장조림은 돼지고기, 소고기로 만들어둔 장조림 또는 메추리알장조림 모두 좋습니다.

이토록 쉬운 리소토 레시피

# 소고기크림리소토

후기 이유식부터 먹을 수 있는 메뉴로 전자레인지로 초간단 조리 가능하니 자주 만들어보세요.

- □ 밥 100g
- □ 다진 소고기 50g
- □ 다진 양파 15g
- □ 다진 당근 15g
- □ 아기 치즈 1장
- □ 우유 또는 분유 120ml
- □ 무염 버터 5g

※ 1~2회분

- 냉장 보관 7일

※ 전자레인지에 2~3분 데워주세요.

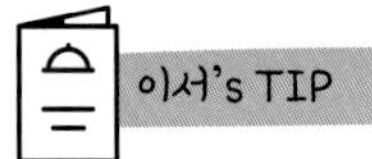


버섯을 추가해도 맛있어요. 따로 간하지 않아도 괜찮습니다.

1 용기에 따뜻한 밥을 넣고 무염 버터를 넣어 녹여주세요.

2 우유 120ml, 소고기, 양파, 당근을 넣어주세요.

3 전자레인지에 넣어 3분간 돌려 주세요.

4 모든 재료를 잘 섞어준 후 아기 치즈를 올려주세요. 그런 다음 전자레인지에 1분 더 돌려 완성합니다.

4분 컷 죽 만들기

# 소고기채소죽

이 레시피도 후기 이유식부터 먹을 수 있는 메뉴로 전자레인지로 간단하게 조리 가능해요.

☐ 밥 100g
☐ 다진 소고기 50g
☐ 양파 15g
☐ 당근 15g
☐ 채수 120ml
☐ 참기름 1T
☐ 통깨 약간

※ 1~2회분

• 냉장 보관 7일

※ 전자레인지에 2~3분 데워주세요.

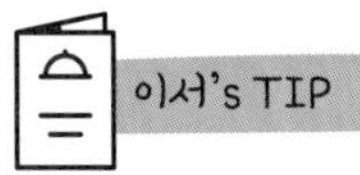


집마다 전자레인지 사양이 다르므로 묽을 경우 30초 정도 추가해주세요.

양파와 당근은 아이가 잘 먹는 크기로 잘라서 준비해주세요.

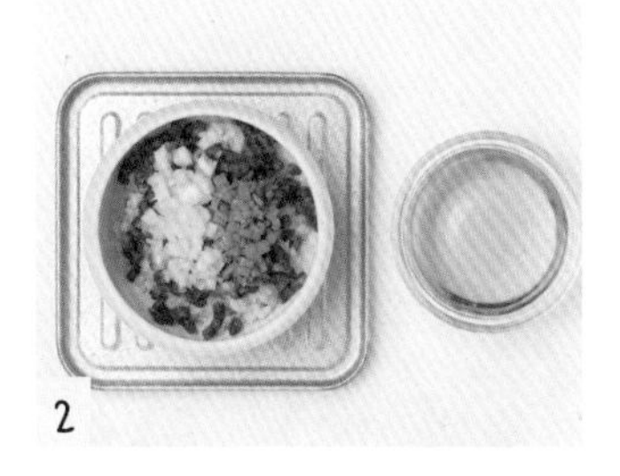


용기에 밥, 소고기, 양파, 당근, 채수 120ml를 넣고 전자레인지에 2분 30초 돌려주세요.

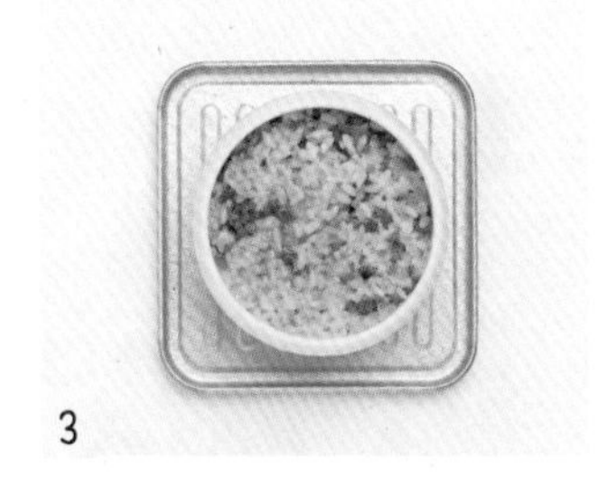


재료를 잘 섞어 다시 전자레인지에 넣고 2분 더 돌려주세요.

참기름 1T, 통깨 약간을 넣어 섞어주세요.

맛 보장, 완밥 보장

# 소고기된장시금치밥

된장국밥과는 다른 느낌의 한 그릇 유아식
레시피입니다.

☐ 밥 100g
☐ 두부 50g
☐ 다진 소고기 50g
☐ 데친 시금치 35g
☐ 아기 된장 1T
☐ 물 80ml

※ 1회분

· 냉장 보관 7일

※ 전자레인지에 1분간 데워주세요.

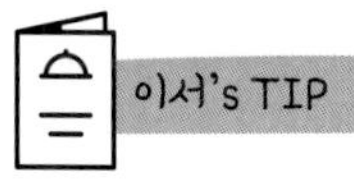


데친 시금치가 없을 경우 시금치에 물을 30ml 정도 넣어 전자레인지에 1분간 돌리면 됩니다.

두부는 작게 깍둑 썰어 준비해주세요.

용기에 물 80ml를 넣고 아기 된장 1T을 풀어주세요.

(2)에 밥, 소고기, 데친 시금치를 넣고 전자레인지에 3분간 돌려주세요.

두부를 넣고 재료를 모두 섞어준 후 전자레인지에 1분 더 돌려주세요.

부드러워 더 맛있는 초간단

# 소고기미역밥

미역국 좋아하는 아이들에게 더 간단하고 빠르게
차려줄 수 있는 한 끼 메뉴예요.

### 재료

- □ 밥 100g
- □ 다진 소고기 50g
- □ 아기 미역 3g
- □ 다진 채소 50g
- □ 참기름 1T
- □ 채수 50ml

※ 1회분

### 보관법

- 냉장 보관 7일

※ 전자레인지에 1분간 데워주세요.

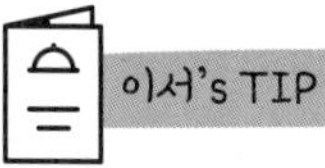

### 이서's TIP

아기 미역은 '아이배냇'의 '자른아기미역'을 사용했습니다. 잘게 잘려 있고 두꺼운 부분이 없어 유아식 초기부터 사용할 수 있어요.

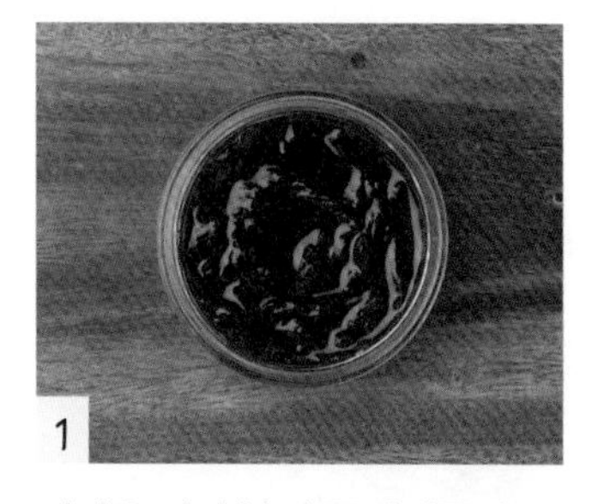

1 미역은 미리 불려 준비해주세요.

2 용기에 밥, 채수 50ml, 다진 채소(양파, 당근, 애호박 등), 다진 소고기를 넣고 전자레인지에 3분간 돌려주세요.

3 재료를 잘 섞어주세요.

4 불린 미역은 물기를 제거한 후 참기름 1T으로 양념한 다음 (3)에 넣어 다른 재료들과 다시 잘 섞어주세요.

5 전자레인지에 1분 더 돌려 완성하세요.

우유를 넣어 더 부드러운

# 닭안심카레밥

카레 향 싫어하는 아이를 위해 우유를 넣어
만들었어요. 누구나 좋아할 만한 레시피랍니다.

☐ 밥 100g
☐ 물 20ml
☐ 다진 닭 안심 50g
☐ 다진 채소 40g
☐ 카레가루 0.5T
☐ 우유 80ml

※ 1회분

• 냉장 보관 7일

※ 전자레인지에 1분간 데워주세요.

이서's TIP

아기 치즈 1장을 추가해 전자레인지에 1분 더 돌리면 리소토처럼 먹을 수 있어요.

용기에 물 20ml, 다진 닭 안심, 다진 채소를 넣고 전자레인지에 2분간 돌려주세요.

다진 채소는 양파, 당근, 애호박을 사용했어요.

(1)에 우유 80ml를 붓고 카레가루를 넣어 녹여주세요.

밥을 넣어 섞어준 후 전자레인지에 2분 더 돌려주세요.

완밥 보장 유아식

# 게살버터밥

달걀을 넣지 않으면 2분, 달걀을 넣으면  4분 완성!
아주 간단하죠?

재료

☐ 밥 100g
☐ 게살(크래미) 40g
☐ 다진 채소 40g
☐ 무염 버터 15g
☐ 물 20ml
☐ 달걀 1개

※ 1회분

보관법

• 냉장 보관 7일

※ 전자레인지에 1분간 데워주세요.

이서's TIP

달걀을 못 먹는 아이라면 생략해도 좋아요. 아기 김을 잘라 넣으면 더욱 맛있게 먹을 수 있어요.

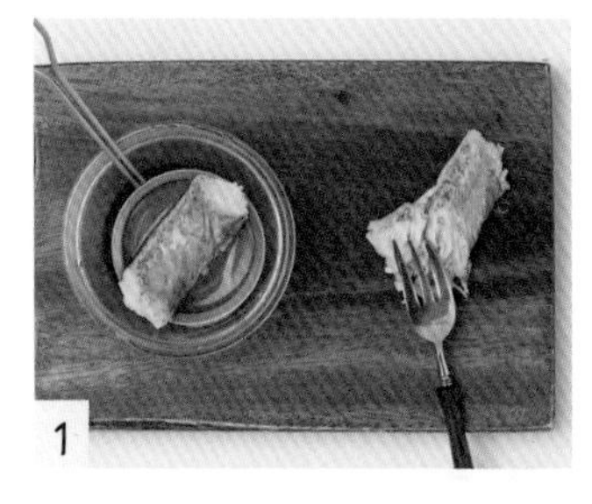

1 게살은 끓는 물에 데치고 포크로 잘게 찢어 준비해주세요.

tip 짠 기를 제거하기 위해 30초 정도만 데쳐주세요.

2 용기에 물 20ml, 게살, 다진 채소를 넣고 전자레인지에 2분간 돌려주세요.

tip 다진 채소는 양파, 애호박, 당근 등을 사용했어요.

3 전자레인지에서 꺼내 따뜻할 때 무염 버터를 넣어 섞어 녹여주세요.

4 밥을 넣어 섞어주세요.

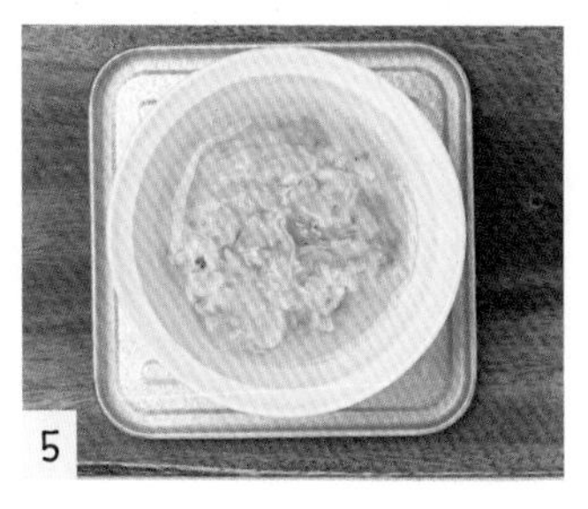

5 달걀을 풀어 넣고 전자레인지에 2분 더 돌려주세요.

든든한 추천 아침 메뉴

# 소고기알배추밥

무염 메뉴로 유아식 초기부터 활용할 수 있는 레시피예요.

- ☐ 밥 100g
- ☐ 다진 소고기 50g
- ☐ 알배추 40g
- ☐ 채수 70ml
- ☐ 참기름 1T

※ 1회분

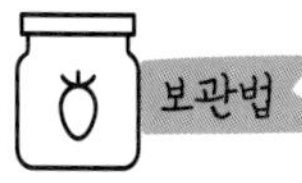


- 냉장 보관 7일

※ 전자레인지에 1분간 데워주세요.

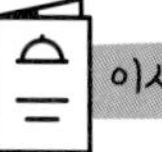


간이 필요하다면 아기 간장을 0.5T 정도 넣어 간을 맞춰주세요.

알배추는 깨끗이 씻어 아이가 먹기 좋은 크기로 잘게 잘라 준비해주세요.

용기에 소고기, 알배추, 채수 70ml를 넣고 전자레인지에 2분 30초 돌려주세요.

전자레인지에서 꺼내 재료 모두 잘 섞어주세요.

밥을 넣고 전자레인지에 2분 30초 더 돌려주세요.

참기름 1T을 넣은 후 잘 섞어주세요.

엄마랑 아이랑 바쁜 아침 한 끼 해결

# 떠먹는프렌치토스트

쉽고 빠르게 만들 수 있는 데다 엄마도 함께 먹을 수 있는 메뉴라 아주 유용해요.

□ 식빵 1장
□ 달걀 1개
□ 우유 60ml
□ 바나나 ½개(40g)
□ 아기 치즈 1장

※ 1회분

• 냉장 보관 3일
※ 전자레인지에 1분간 데워주세요.

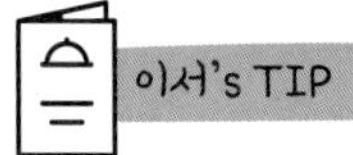


만들어서 바로 먹는 게 가장 맛있는 레시피예요.

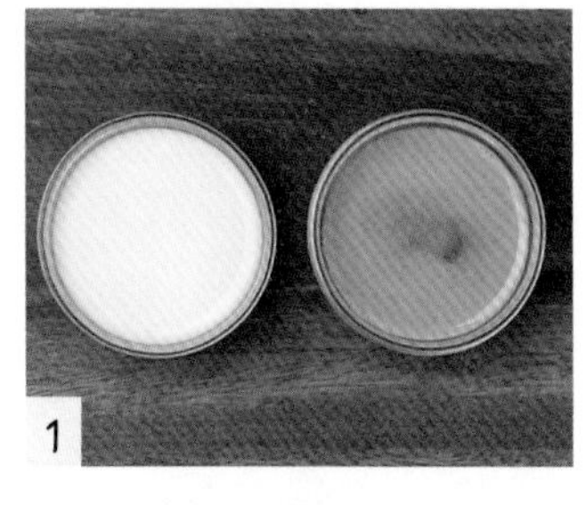

1 볼에 달걀을 풀어 넣고 우유 60ml를 넣어 섞어주세요.

2 식빵은 잘게 잘라 준비하고 바나나도 0.5cm 크기로 잘라 준비해주세요.

3 용기에 자른 바나나와 식빵을 넣고 (1)을 부어주세요.

4 아기 치즈를 올린 후 전자레인지에 3분간 돌려주세요.

버섯 러버 친구들 모여라!

# 소고기팽이달걀밥

버섯을 좋아한다면 달걀을 생략해도 맛있는 레시피입니다.

재료

- ☐ 밥 100g
- ☐ 다진 소고기 50g
- ☐ 팽이버섯 30g
- ☐ 달걀 1개
- ☐ 채수 60ml

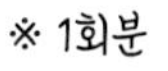

※ 1회분

보관법

- 냉장 보관 3일

※ 전자레인지에 1분간 데워주세요.

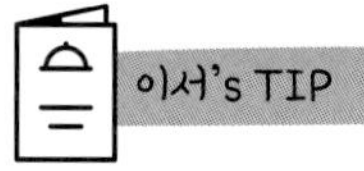

이서's TIP

2번 과정 후 밥 100g을 추가해 전자레인지에 1분 더 돌리면 No 달걀 레시피가 됩니다.

1 팽이버섯은 깨끗이 씻어 아이가 잘 먹는 크기(1~2cm)로 잘라 준비해주세요.

2 용기에 팽이버섯, 소고기, 채수 30ml를 넣어 전자레인지에 2분간 돌려주세요.

3 밥을 넣고 달걀을 풀어 넣은 후 채수 30ml를 추가해주세요.

4 전자레인지에 2분간 더 돌려주세요.

간단하게 만드는 완밥 리소토

# 소고기김치리소토

배추김치, 깍두기 상관없이 전자레인지로 한 그릇
뚝딱 리소토를 만들어보세요.

재료

☐ 밥 100g
☐ 우유 100ml
☐ 무염 버터 15g
☐ 아기 김치 30g
☐ 다진 소고기 40g
☐ 아기 치즈 1장

※ 1회분

보관법

- 냉장 보관 3일

※ 전자레인지에 1분간 데워주세요.

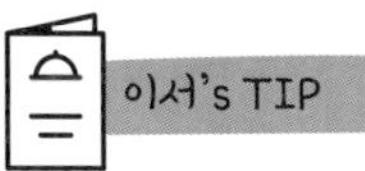

이서's TIP

아기 김치는 유아 김치 원조 브랜드 '얼라맘마' 제품으로 사용했습니다.
배추김치, 백김치, 깍두기 등 어떤 김치를 넣어도 상관없습니다.

1 아기 김치는 물기를 최대한 짜서 준비해주세요.

2 전자레인지 용기에 무염 버터, 아기 김치, 다진 소고기를 넣어 주세요.

3 전자레인지에 넣고 1분간 데워 주세요.

4 재료를 모두 잘 섞어준 후 밥, 우유 100ml, 아기 치즈를 넣고 전자레인지에 3분 30초 더 돌려주세요.

5 조리된 리소토를 잘 섞어주세요.

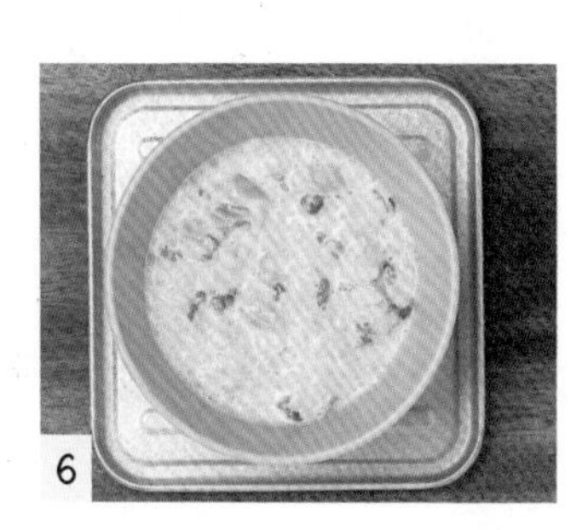

6 확인 후 덜 완성되었다면 전자레인지에 30초 더 돌려주세요.

이렇게 잘 먹을 줄 몰랐어요

# 연어달걀비빔밥

비빔밥 또는 주먹밥으로 활용할 수 있는 레시피예요.
아이가 아주 잘 먹어서 흐뭇해질 거예요.

☐ 밥 100g
☐ 연어 40g
☐ 달걀 1개
☐ 참기름 1T
☐ 아기 간장 1T
☐ 아기 김 또는 김자반 1.5g
☐ 올리브유 약간

※ 1회분

• 냉장 보관 3일

※ 전자레인지에 1분간 데워주세요.

이서's TIP

레시피 그대로 진행한 후 주먹밥처럼 만들어주면 연어달걀밥볼이 됩니다. 도시락으로 만들어도 간편해요.

1 팬에 올리브유를 두르고 달걀을 올려 스크럼블드에그를 만들어주세요.

2 다른 팬에 올리브유를 둘러 연어를 앞뒤로 구워주세요.

3 그릇에 밥을 담고 구운 연어와 스크럼블드에그를 올려주세요.

4 참기름 1T, 아기 간장 1T, 김자반을 넣어 비벼주세요.

반찬으로도 덮밥으로도 잘 먹는

# 닭고기시금치밥

닭 안심으로 만드는 부드러운 닭고기 레시피라
아이가 좋아해요.

- □ 밥 100g
- □ 다진 닭 안심 50g
- □ 데친 시금치 40g
- □ 아기 간장 1T
- □ 쌀조청 1T
- □ 통깨 약간
- □ 올리브유 약간

※ 1회분

- 냉장 보관 3일

※ 전자레인지에 1분간 데워주세요.

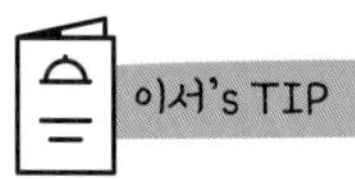


밥 위에 올리지 않고 따로 담아 반찬으로 줘도 좋아요.

1

팬에 올리브유를 두르고 다진 닭 안심을 넣어 익혀주세요.

2

데친 시금치를 잘라 넣어주세요.

용기에 시금치와 물 30ml를 담아 전자레인지에 1분간 돌리면 데친 시금치가 됩니다.

3

아기 간장 1T과 쌀조청 1T으로 간을 더해주고, 통깨를 약간 뿌려주세요. 그런 다음 밥 위에 올려 완성합니다.

쌀조청 대신 알룰로스, 아가베 시럽 등으로 대체 가능합니다.

밥태기 극복 추천 메뉴

# 가자미감자리소토

후기 이유식부터 먹일 수 있는 메뉴로 밥태기에도
너무 잘 먹어준 한 그릇 유아식이에요.

- □ 밥 100g
- □ 가자미살 50g
- □ 다진 채소 40g
- □ 우유 120ml
- □ 아기 치즈 1장
- □ 올리브유 약간

※ 1회분

- 냉장 보관 3일

※ 전자레인지에 1분간 데워주세요.

이서's TIP

다진 채소는 당근, 양파, 애호박 등 냉장고에 있는 재료를 활용하면 됩니다. 가자미 대신 다른 흰 살 생선을 사용해도 좋습니다.

1

팬에 올리브유를 약간 둘러 가자미 살, 다진 채소를 넣고 볶아주세요.

2

우유 120ml를 넣어 끓여주세요.

3

밥을 넣고 아기 치즈를 넣어 졸여주세요.

맵지 않고 시원하다!

# 김치콩나물밥

돌부터 먹을 수 있는 아기 김치를 사용해 만든 메뉴입니다.

재료

☐ 밥 100g
☐ 콩나물 40g
☐ 아기 김치 40g
☐ 채수 50ml
☐ 참기름 1T
☐ 통깨 약간

※ 1회분

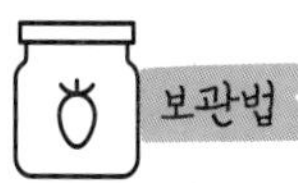

보관법

• 냉장 보관 3일
※ 전자레인지에 1분간 데워주세요.

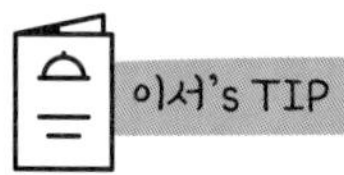

이서's TIP

김가루 또는 자른 아기 김을 넣으면 더욱 맛있게 먹을 수 있어요.

1
콩나물은 깨끗이 씻어 준비해주세요.

2
씻은 콩나물을 2~3cm 길이로 잘라 용기에 담아주세요.

3
(2)에 김치, 채수 50ml, 밥, 참기름 1T을 넣고 잘 섞어주세요.

4
전자레인지에 4분 30초간 돌린 후 통깨 약간을 솔솔 뿌려 마무리합니다.

반찬으로도 한 그릇 유아식으로도 최고

# 채소닭갈비밥

무염 버전과 저염 버전이 따로 있어 유아식을 처음 시작한 아이부터 먹일 수 있어요.

재료

**무염**

- ☐ 밥 100g
- ☐ 닭 안심 50g
- ☐ 다진 채소 40g
- ☐ 채수 40ml
- ☐ 쌀조청 1T

**저염**

- ☐ 밥 100g
- ☐ 닭 안심 50g
- ☐ 다진 채소 40g
- ☐ 아기 간장 1T
- ☐ 쌀조청 1T

※ 1회분

보관법

- 냉장 보관 3일

※ 전자레인지에 1분간 데워주세요.

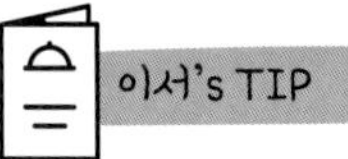

이서's TIP

밥 위에 올리지 않고 반찬으로 따로 내주어도 됩니다.
당근, 애호박, 양파, 대파 등 냉장고 속 아무 채소나 사용 가능합니다.

1 닭 안심은 포크로 힘줄을 제거한 후 먹기 좋은 크기로 자르거나 다져 준비해주세요.

2 팬에 닭 안심과 다진 채소를 넣고 채수 40ml를 넣어 볶아주세요.

3 쌀조청 1T을 넣어 조려주세요. 그런 다음 밥 위에 덮밥처럼 올립니다.

1 닭 안심은 포크로 힘줄을 제거한 후 먹기 좋은 크기로 자르거나 다져 준비해주세요.

2 팬에 닭 안심과 다진 채소를 넣고 아기 간장 1T을 넣어 볶아주세요.

3 쌀조청 1T을 넣어 조려주세요. 그런 다음 밥 위에 덮밥처럼 올립니다.

밥새우로 맛있는 한입 유아식 만들기

# 밥새우밥볼

조그맣게 뭉쳐 아이 혼자서도 집어 먹을 수 있어 자기 주도 유아식으로 좋은 메뉴예요.

- ☐ 밥 100g
- ☐ 밥새우 2g
- ☐ 다진 채소 40g
- ☐ 참기름 1T
- ☐ 달걀 1개
- ☐ 올리브유 약간

※ 1회분

- 냉장 보관 3일

※ 전자레인지에 1분간 데워주세요.

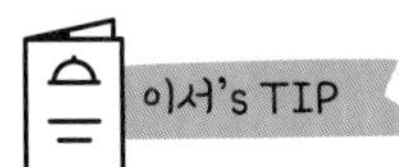


당근, 애호박, 양파, 대파 등 냉장고 속 아무 채소나 사용 가능합니다.

1 팬에 올리브유를 두르고 다진 채소, 밥새우를 볶아주세요.

2 밥을 넣고 잘 섞어주세요.

3 달걀을 풀어 넣어 섞어가며 익혀주세요.

4 참기름 1T을 넣어 섞어주세요.

5 한입 크기로 동글동글 모양을 잡아주세요.

초간단 한 끼 유아식

# 새우채소미역밥

아기 된장을 넣어 더욱 깊고 맛있는 한 그릇 유아식입니다.

- ☐ 밥 100g
- ☐ 냉동 흰다리새우 40g
- ☐ 미역 2g
- ☐ 아기 된장 0.5T
- ☐ 물 40ml
- ☐ 다진 채소 50g

※ 1회분

- 냉장 보관 3일

※ 전자레인지에 1분간 데워주세요.

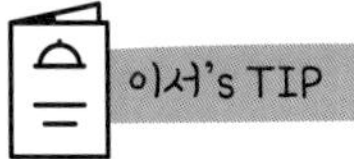


당근, 애호박, 양파, 대파 등 냉장고 속 아무 채소나 사용 가능합니다.
미역은 '아이배냇'의 '처음먹는 미역'으로 아이가 먹기에 부드러워 추천합니다.

흰다리새우는 찬물에 해동한 후 1cm 크기로 썰어 준비해주세요.

미역도 찬물에 불린 후 물기를 제거해 준비해주세요.

용기에 물 40ml를 넣고 아기 된장 0.5T을 풀어주세요.

다진 새우, 다진 채소를 넣은 후 전자레인지에 2분 30초 돌려주세요.

불린 미역을 넣고 전자레인지에 30초 더 돌려주세요.

(5)를 밥 위에 올려주세요.

초간단 자기 주도 유아식

# 소고기치즈밥볼

자기 주도 유아식을 하고 싶다면 처음 시작하기 좋은 기본 메뉴예요.

- ☐ 밥 100g
- ☐ 다진 소고기 50g
- ☐ 다진 채소 40g
- ☐ 쌀조청 1T
- ☐ 아기 간장 1T
- ☐ 아기 치즈 1장
- ☐ 올리브유 약간

※ 1회분

- 냉장 보관 3일

※ 전자레인지에 1분간 데워주세요.

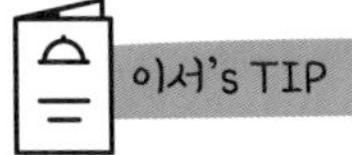


당근, 애호박, 양파, 대파 등 냉장고 속 아무 채소나 사용 가능합니다.
쌀조청 대신 아가베 시럽, 알룰로스 등 다른 재료를 사용해도 좋습니다.

1

팬에 올리브유를 두르고 다진 채소를 볶다가 다진 소고기를 넣고 아기 간장 1T, 쌀조청 1T으로 간해 볶아주세요.

2

밥을 넣고 섞어주세요.

3

볼에 담아 아기 치즈를 넣어 녹여주세요.

4

한입 크기로 동글동글 모양을 잡아주세요.

맛있더라 무순아!

# 무순참치달걀밥

봄철 채소 무순을 유아식에 더하면 싱그러운 맛을 느낄 수 있어요.

☐ 밥 100g
☐ 참치(캔) 50g
☐ 다진 채소 40g
☐ 달걀 1개
☐ 무순 10g
☐ 올리브유 약간

※ 1회분

· 냉장 보관 3일
※ 전자레인지에 1분간 데워주세요.

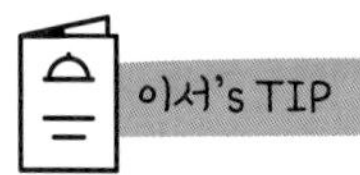


당근, 애호박, 양파, 대파 등 냉장고 속 아무 채소나 사용 가능합니다.
무순이 처음이라 먹이기 부담스럽다면 5g 정도로 시작해도 좋습니다.

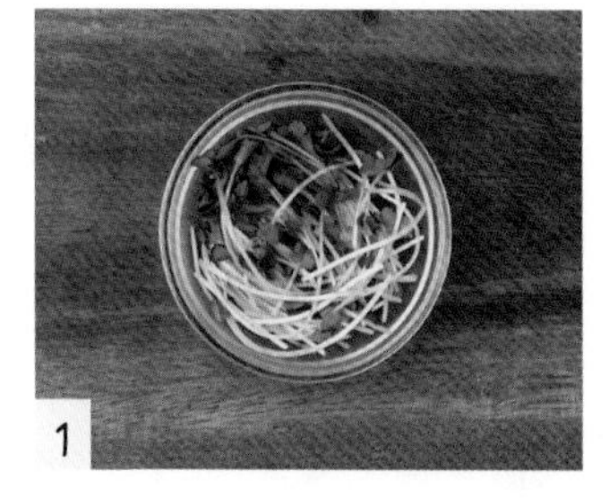
1 무순은 잘 씻어 먹기 좋은 크기로 잘라 준비해주세요.

2 참치는 숟가락으로 기름을 빼거나 뜨거운 물에 데쳐주세요.

3 팬에 올리브유를 두른 다음 참치와 다진 채소를 함께 볶아주세요.

4 (3)에 달걀을 넣어 섞어 스크럼블드에그를 만들어주세요.

5 마지막으로 무순을 넣어 섞어주세요.

볶은 재료들과 섞지 않고 재료 맨 위에 장식해도 좋습니다.

6 밥 위에 모든 재료를 올려주세요.

말해 뭐 해 최고 조합

# 닭안심부추달걀덮밥

매운맛을 제거한 후 만들어 아이가 먹기에 부담 없는 레시피입니다.

재료

- ☐ 밥 100g
- ☐ 다진 닭 안심 60g
- ☐ 다진 채소 50g
- ☐ 부추 15g
- ☐ 대파 10g
- ☐ 물 80ml
- ☐ 알룰로스 1T
- ☐ 아기 간장 1T
- ☐ 올리브유 약간

※ 1회분

보관법

· 냉장 보관 3일 / 냉동 보관 2주

※ 냉장: 전자레인지에 2분간 데워주세요.
냉동: 전자레인지에 4분 30초간 데워주세요.

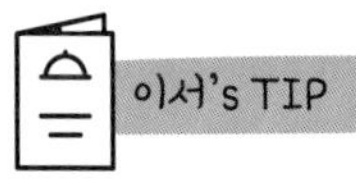

이서's TIP

당근, 애호박, 양파, 대파 등 냉장고 속 아무 채소나 사용 가능합니다.

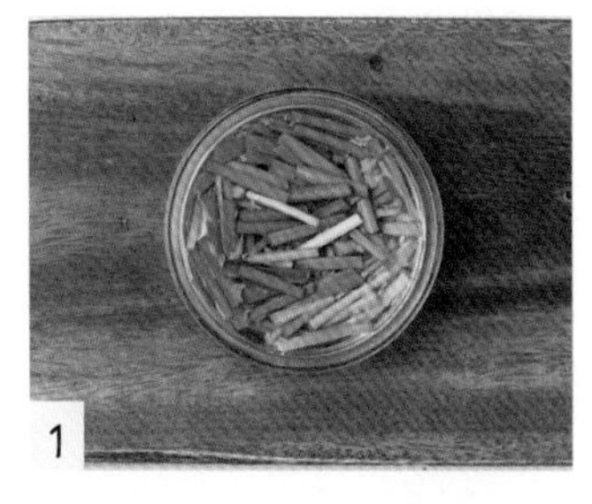

1 부추는 3cm 길이로 자른 후 찬물에 잠시 담가 매운 기를 빼주세요.

2 팬에 올리브유를 두르고 대파를 썰어 넣어 파기름을 내주세요.

3 다진 닭 안심과 다진 채소를 넣고 볶아주세요.

4 물 80ml, 아기 간장 1T, 알룰로스 1T을 넣어 섞어주세요.

알룰로스 대신 쌀조청, 아가베 시럽 등을 넣어도 됩니다.

5 부추를 넣고 약한 불로 조려주세요.

6 (5)를 밥 위에 부어주세요.

여름 필수 레시피

# 명란오이비빔밥

어른도 아이도 너무 잘 먹어 여름철에 꼭 만들길 추천하는 레시피입니다.

☐ 밥 100g
☐ 저염 명란젓 30g
☐ 오이 30g
☐ 아기 김 1봉(1.5g)
☐ 달걀 1개
☐ 참기름 1T
☐ 통깨 약간
☐ 올리브유 약간

※ 1회분

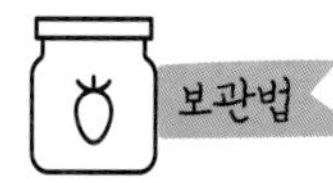


• 바로 먹는 게 가장 맛있어요.

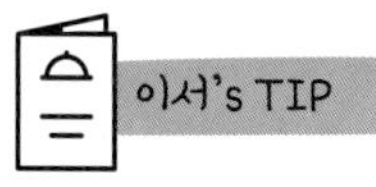


튜브형으로 명란알만 담겨 있는 제품을 사용하면 조금 더 간편하게 만들 수 있어요.

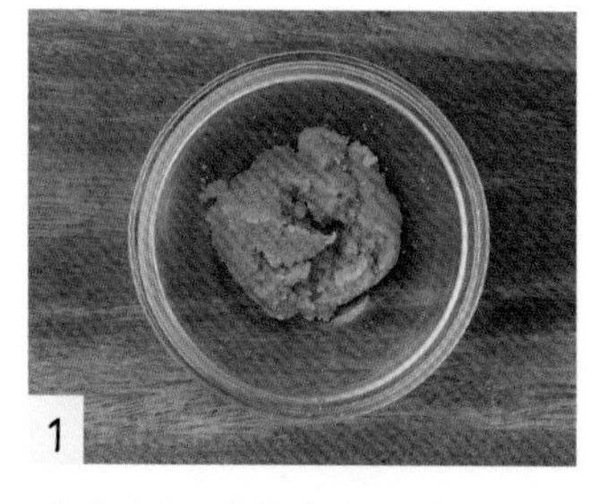


명란젓은 껍질에서 알만 분리해 꺼내주세요(알만 30g).

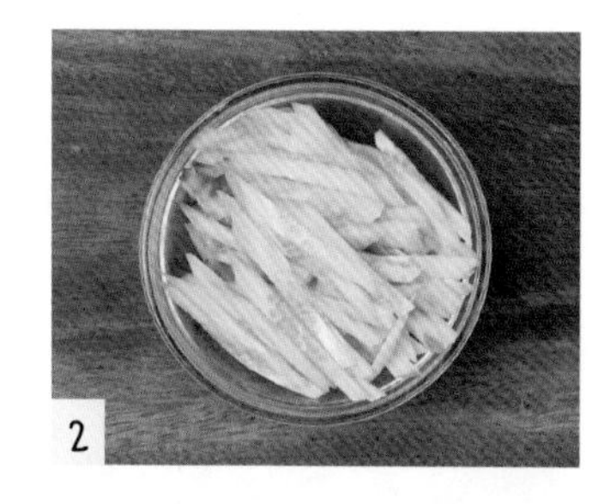


오이는 얇게 채 썰어서 준비해주세요.

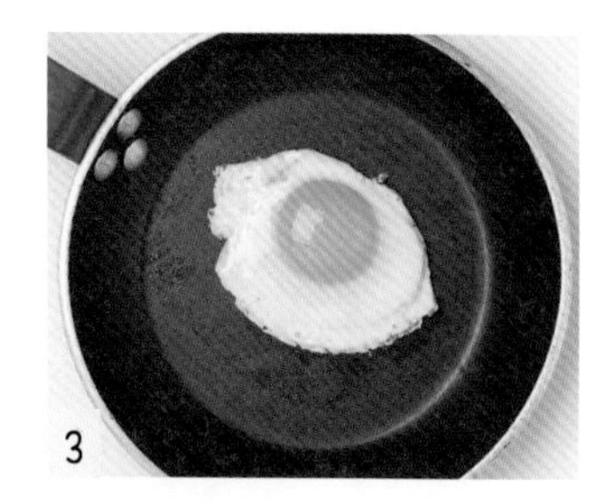


팬에 올리브유를 둘러 달걀을 깨뜨려 넣고 프라이를 만들어 주세요.

밥 위에 명란, 오이를 올리고 아기 김을 잘라 넣어주세요.

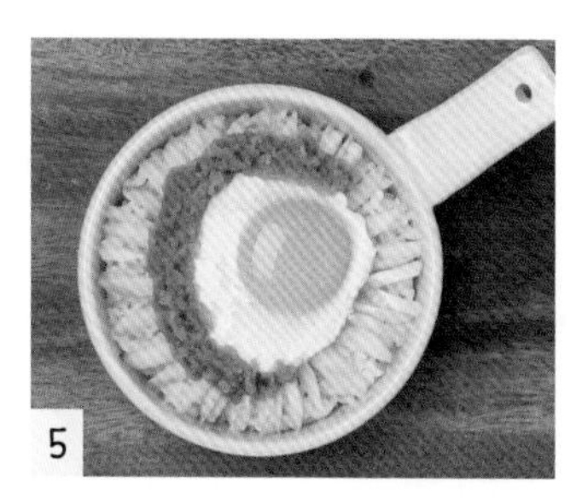


달걀 프라이도 올려주세요.

참기름 1T을 넣고 통깨를 약간 뿌려 잘 섞어 완성하세요.

부추로 만드는 한 끼 유아식

# 감자부추덮밥

부드럽고 맛있는 감자를 넣어 더욱 맛있게 먹을 수 있어요.

☐ 밥 100g
☐ 감자 40g
☐ 다진 채소 30g
☐ 부추 15g
☐ 물 50ml
☐ 알룰로스 1T
☐ 아기간장 1T
☐ 올리브유 약간

※ 1회분

· 냉장 보관 3일 / 냉동 보관 2주

※ 냉장 : 전자레인지에 2분 돌려 주세요.
냉동: 전자레인지에 4분 30초 돌려 주세요.

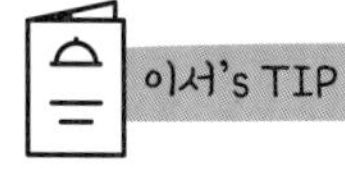


당근, 애호박, 양파, 대파 등 냉장고 속 아무 채소나 사용 가능합니다.

1 부추는 3cm 길이로 자른 후 찬물에 잠시 담가 매운 기를 빼주세요.

2 감자는 작게 깍둑 썰어 준비해 주세요.

3 팬에 올리브유를 둘러 감자 먼저 살짝 볶아주세요.

4 다진 채소를 넣어 함께 볶아주세요.

5 물 50ml, 아기 간장 1T, 알룰로스 1T을 넣어주세요.

6 부추를 넣고 약한 불로 조려주세요.

7 완성되면 밥 위에 부어주세요.

아삭한 식감을 더한

# 고등어양배추덮밥

아삭아삭 양배추를 넣어 더욱 맛있는 고등어 한 그릇 덮밥 메뉴예요. 고등어의 단백질과 양배추의 비타민 C·U가 만나 영양도 가득한 레시피입니다.

- □ 밥 100g
- □ 순살 고등어 60g
- □ 양배추 50g
- □ 아기 간장 1T
- □ 쌀조청 1T
- □ 참기름 1T
- □ 올리브유 약간

※ 1회분

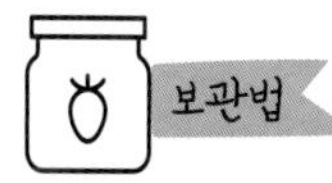


- 냉장 보관 1~3일

※ 냉장 : 전자레인지에 2분간 데워주세요.

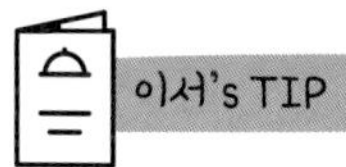


쌀조청 대신 알룰로스나 아가베 시럽 등 단맛을 내는 재료를 사용하는 것도 가능해요.

1 양배추는 아이가 잘 먹는 크기로 깍둑 썰거나 얇게 채 썰어 준비해주세요.

2 팬에 올리브유를 두르고 고등어를 구워주세요.

전자레인지에 1분간 돌리면 완성되는 제품을 사용해도 됩니다.

3 팬에 올리브유를 두르고 양배추를 볶아주세요.

4 살짝 익었을 때 아기 간장 1T, 쌀조청 1T, 참기름 1T을 넣고 볶아주세요.

5 밥 위에 볶은 양배추를 올린 다음 익힌 고등어를 올려 마무리합니다.

카레 싫어하는 아이도 잘 먹는

# 순두부크림카레

부들부들 순두부와 우유를 넣어 원래 순한 카레도 더 부드럽게! 카레를 싫어해도 맛있게 먹을 수 있는 레시피예요.

☐ 밥 100g
☐ 순두부 100g
☐ 게살(크래미) 30g
☐ 카레가루 0.5T
☐ 우유 80ml
☐ 달걀 1개
☐ 아기 치즈 1장

※ 1회분

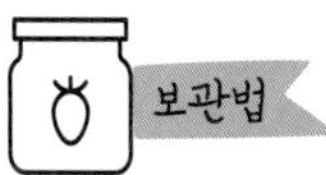


· 냉장 보관 3일
※ 전자레인지에 2분간 데워주세요.

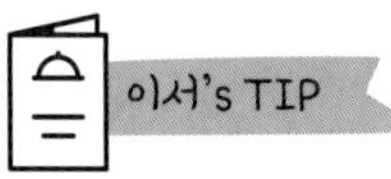


무염 버터도 넣으면 더욱 풍미 깊은 맛을 즐길 수 있어요.

용기에 우유 80ml, 카레가루, 달걀을 넣어 잘 풀어주세요.

게살을 잘라 넣고 순두부를 넣어주세요.

전자레인지에 넣고 3분간 돌려주세요.

(3)을 꺼내 순두부를 으깨고 재료를 모두 섞어주세요.

아기 치즈를 올려주세요.

전자레인지에 넣고 2분 더 돌려주세요.

밥 위에 부어주세요.

면 요리도 5분 컷

# 소고기볶음면

우동 면, 국수 면, 파스타 면 등 종류에 상관없이 즐길 수 있는 레시피. 다 함께 맛있게 먹어보세요.

☐ 다진 소고기 40g
☐ 우동 면 100g
☐ 아기 김 1봉(1.5g)
☐ 아기 간장 1.5T
☐ 쌀조청 1T
☐ 올리브유 약간

※ 1회분

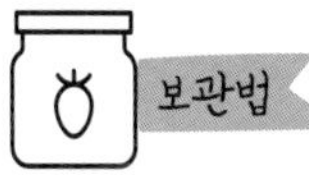


· 면 요리는 그때그때 만들어 바로 먹이세요.

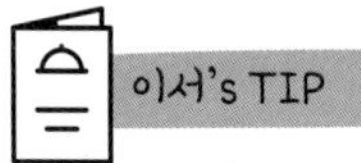


여러 가지 면으로 요리해본 결과 우동 면이 가장 잘 어울리고 맛있었어요.

우동 면은 끓는 물에 2분간 삶아 찬물에 헹궈 준비해주세요.

팬에 올리브유를 둘러 다진 소고기를 볶아주세요.

간장 1.5T, 쌀조청 1T을 넣어 조금 더 볶아주세요.

삶은 우동 면을 넣고 함께 섞어 볶아주세요.

아기 김을 잘라 넣어주세요.

전자레인지로 만드는 영양 보충 아기 간식

# 오트밀달걀빵

중기 이유식 하는 아이부터 네 살 언니도 맛있게 잘 먹는 초간단 간식 레시피예요.

☐ 오트밀 30g
☐ 달걀노른자 3개 분량
☐ 아기 치즈 2장
☐ 뜨거운 물 30ml

※ 3개

• 냉장 보관 2일
※ 전자레인지에 1분간 데워주세요.

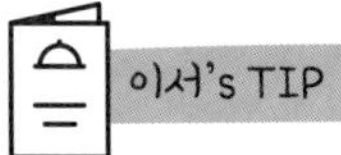


간식은 그때그때 만들어 바로 먹이는 게 가장 맛있어요.

실리콘 머핀 틀에 오트밀을 10g씩 나눠 담아주세요.

오트밀이 잠길 정도로만 뜨거운 물(약 10ml씩)을 넣어 잠시 불려주세요.

달걀노른자를 1개씩 나눠 담은 후 포크로 터뜨려주세요.

달걀노른자 위에 아기 치즈를 잘라 나눠서 올려주세요.

전자레인지에 넣고 1분 30초, 1분, 1분 30초, 30초로 끊어서 돌려주세요(총 4분 30초).

달달 촉촉 전자레인지 5분 간식

# 바나나오트밀빵

이유식 하는 아이부터 자기 주도 간식을 먹는
아이까지 즐길 수 있어요.

☐ 바나나 120g
☐ 우유 또는 분유 30ml
☐ 오트밀 30g
☐ 쌀가루 1T
☐ 달걀노른자 1개 분량

※ 3~4회분

• 냉장 보관 3~4일
※ 전자레인지에 1분간 데워주세요.

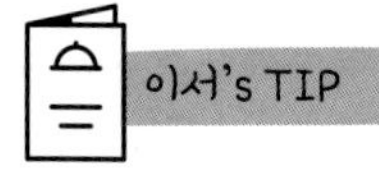


간식은 그때그때 만들어 바로 먹이는 게 가장 맛있어요.

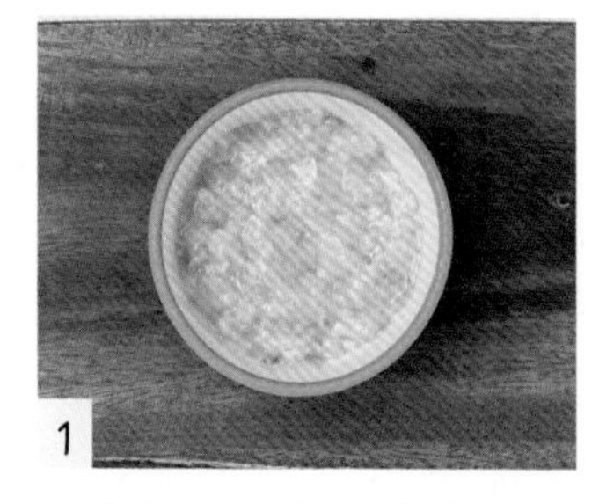


용기에 바나나를 넣은 후 으깨주세요.

으깬 바나나에 오트밀, 쌀가루, 우유 30ml를 넣고 달걀노른자를 넣어 섞어주세요.

용기 뚜껑을 닫고 전자레인지에 5분간 돌려주세요. 그런 다음 아이가 먹기 편한 크기로 잘라 완성하세요.

변비 비켜!

# 아기변비주스&퓌레

변비 해소에도 좋고 맛도 좋은 바나나케일주스를 만들어보세요.

☐ 바나나 150g
☐ 사과 130g
☐ 케일 30g
☐ 물 또는 우유 110ml

※ 2회분

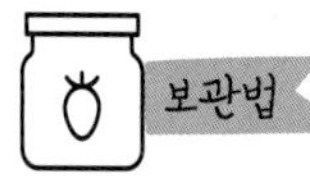


• 냉장 보관 7일

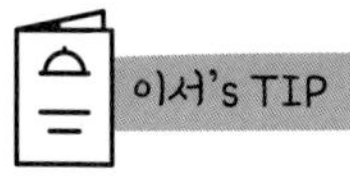


쌈케일을 사용해도 좋아요.

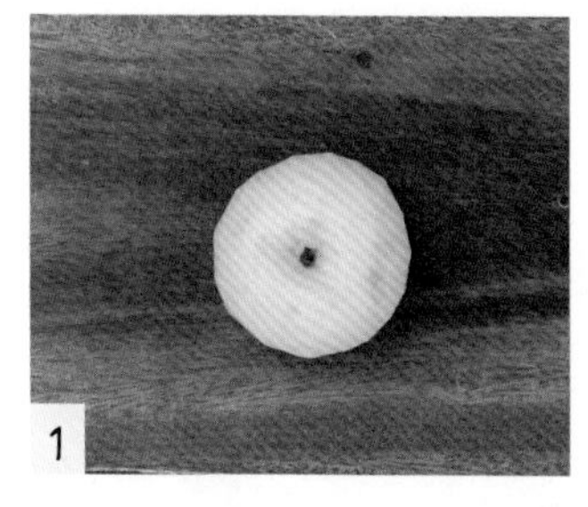

1 사과는 깨끗이 씻은 후 껍질을 벗겨 준비해주세요.

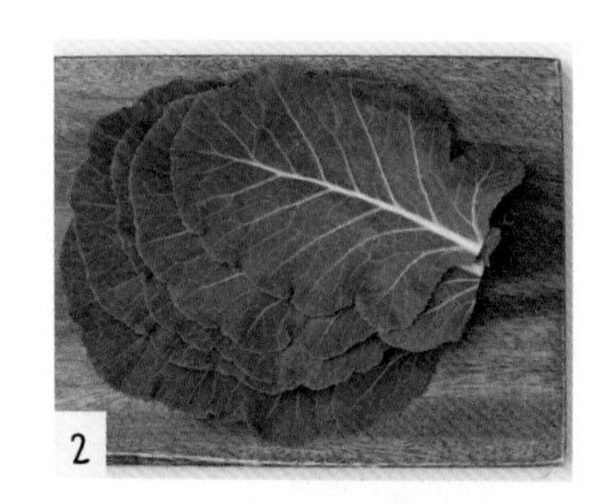

2 케일은 줄기 부분을 제거한 후 잎만 30g 준비해주세요.

3 믹서에 바나나, 사과, 케일을 잘라 넣어주세요.

4 물 또는 우유 110ml를 넣어 갈아주세요.

물 또는 우유 30ml 넣어 갈면 퓌레 정도의 입자가 되고, 110ml를 넣어 갈면 주스가 됩니다.

톡톡 씹히는 맛있는 초간단 간식

# 무염버터콘치즈

아이도 저도 너무 좋아하는 간식 중 하나입니다. 꼭 한번 만들어보세요.

- ☐ 무염 버터 15g
- ☐ 찐 옥수수알(또는 옥수수콘) 90g
- ☐ 아기 치즈 1.5장

※ 3개

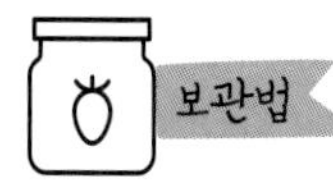


- 냉장 보관 3일

※ 전자레인지에 1분간 데워주세요.

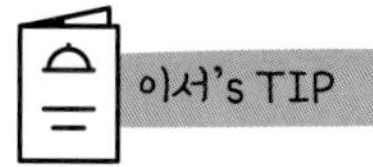


3~4분 더 데우면 바삭하게 먹일 수 있어요.

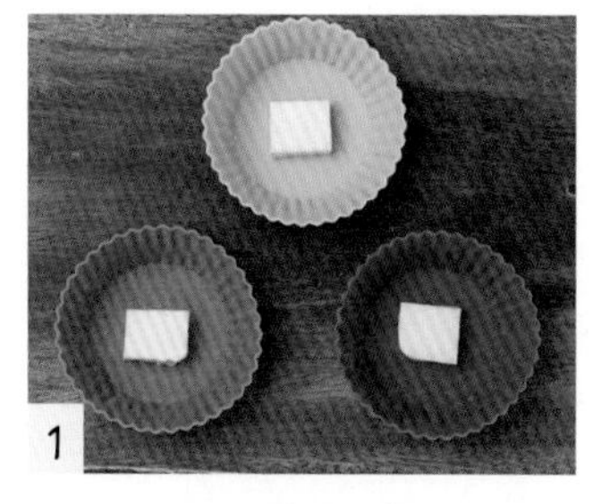


실리콘 머핀 틀에 무염 버터를 5g씩 나눠 담아주세요.

무염 버터 위에 옥수수알을 30g씩 담아주세요.

아기 치즈를 0.5장씩 옥수수 위에 올려주세요.

에어프라이어에 넣고 180℃로 5분간 돌려주세요.

배도라지청으로 만드는 초간단 간식

# 식빵버터샌드

달달해서 잘 먹는 아기 간식 추천 메뉴. 너무 맛있으니 꼭 3개씩 만드세요!

☐ 식빵 3장
☐ 아기 치즈 3장
☐ 무염 버터 20g
☐ 배도라지고 3T

※ 3개

• 냉장 보관 2~3일

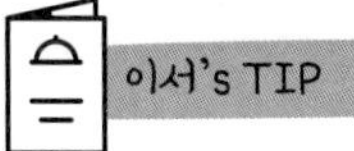


'배도라지고'는 배도라지청으로 10개월 아이부터 먹일 수 있으며, 잼처럼 먹거나, 소고기 양념에 단맛을 내는 재료로 사용하거나, 우유, 요거트에 타 먹어도 맛있는 건강한 재료입니다.

1
식빵 테두리를 칼로 잘라주세요.

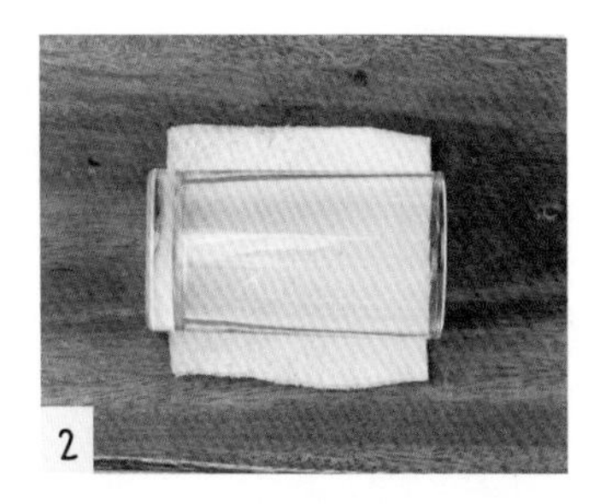
2
식빵을 밀대나 둥근 컵으로 밀어 얇고 넓적하게 만들어주세요.

3
식빵 1장 위에 배도라지고 1T을 바르고 아기 치즈 1장을 올려주세요.

배도라지고 대신 딸기잼, 땅콩버터 등을 사용해도 됩니다.

4
삼각형으로 반 접은 후 머그컵을 뒤집어 올려 눌러주세요. 총 3개를 만듭니다.

접힌 부분은 닿지 않게 해 머그컵을 뒤집어 찍어주면 반달 모양의 샌드가 돼요.

5
팬에 무염 버터를 녹인 후 앞뒤로 1~2분간 살짝 구워주세요.

오늘도 완밥!

# 10분 완성 유아식

반찬도 덮밥도 모두 완뚝

# 돼지불고기

달달하고 맛있는 돼지고기 반찬입니다. 덮밥으로도 먹을 수 있어요.

☐ 돼지고기 앞다리살(불고기용) 150g
☐ 당근 20g / 양파 40g / 통깨 약간
☐ 팽이버섯 30g
☐ 올리브유 약간

<양념장>
다진마늘 0.5T / 아기간장 2.5T /
참기름 1T / 알룰로스 0.5T ※ 2~3회분

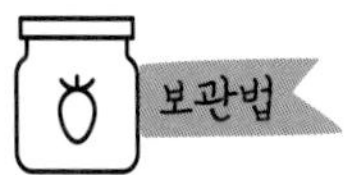


• 냉장 보관 7일
※ 전자레인지에 1분간 데워주세요.

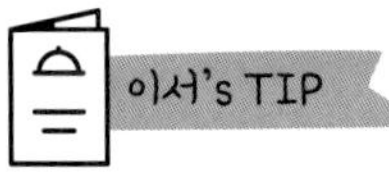


간이 부족하면 아기 간장을 1T씩 넣어 조절해주세요.

1
돼지고기는 분량의 재료로 만든 양념장을 넣은 후 잘 버무려주세요.

2
당근과 양파는 얇게 채 썰어 준비해주세요.

3
팽이버섯도 깨끗이 씻어 밑동을 잘라 준비해주세요.

4
팬에 올리브유를 두르고 당근, 팽이버섯, 양파를 넣어 볶아주세요.

5
채소가 모두 익으면 양념에 버무려둔 고기를 넣고 볶아주세요.

6
양념이 끓어오르면 약한 불에 저어가며 조려주세요.

7
통깨를 약간 뿌려서 마무리하세요.

엄마, 하나 더 주세요!

# 치즈감자채전

간식으로도 반찬으로도 정말 잘 먹는 감자 반찬 레시피예요.

### 재료

- □ 감자 130g
- □ 아기 소금 0.5T
- □ 쌀가루 10g
- □ 아기 치즈 1.5장
  (또는 모차렐라 치즈 2T)
- □ 올리브유 약간

※ 2~3회분

### 보관법

- 냉장 보관 7일

※ 전자레인지에 1분간 데워주세요.

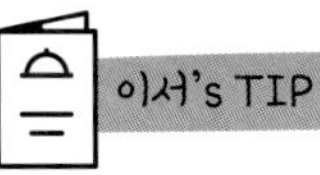

### 이서's TIP

달걀말이 팬같이 네모난 팬을 이용하면 훨씬 수월하게 만들 수 있어요.

1

감자는 깨끗이 씻고 얇게 채 썰어 준비해주세요.

2

(1)을 물에 잠시 담가둔 다음 헹궈주세요.

3

감자에 아기 소금 0.5T을 넣고 3분 정도 기다려주세요.

4

감자의 숨이 죽으며 물기를 제거하세요.

5

감자에 쌀가루를 넣은 후 섞어주세요.

6

팬에 올리브유를 두르고 감자를 얇고 넓게 깔아주세요.

7

밑면이 노릇노릇 구워지면 뒤집어주세요.

8

아기 치즈 또는 모차렐라 치즈를 넣어 반으로 포갠 후 잔열에 치즈를 녹여주세요.

만들기 쉽고 맛있는

# 감자우유조림

간장조림과는 또 다른 맛으로 부드럽고 맛있어서 추천하는 레시피입니다.

- ☐ 감자 180g
- ☐ 우유 180ml
- ☐ 아기 치즈 1장
- ☐ 올리브유 약간

※ 3회분

- 냉장 보관 7일

※ 우유 20ml를 넣어
전자레인지에 1분간 데워주세요.

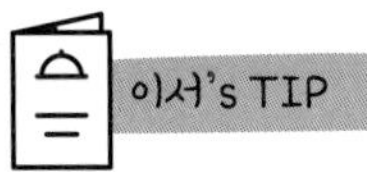


우유를 약간 더 붓고 밥을 넣으면
리소토가 돼요.

1

감자는 깨끗이 씻고 아기가 먹기 편한 크기로 깍둑 썰어 준비해주세요.

2

팬에 올리브유를 둘러 감자를 볶아주세요.

올리브유에 먼저 볶아야
감자가 뭉개지지 않아요.

3

감자가 노릇하게 익었을 때 우유 180ml를 넣어주세요.

4

중간 불에 졸이다가 우유가 ⅓만 남았을 때 아기 치즈를 넣어 섞어주세요.

어른, 아이 누구나 잘 먹는

# 게살감자샐러드

부드럽고 맛있는 감자샐러드로 누구나 좋아해요.

### 재료

- ☐ 감자 1개(130g)
- ☐ 게살(크래미) 40g
- ☐ 마요네즈 1T

※ 2회분

### 보관법

- 냉장 보관 7일

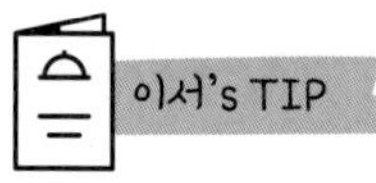

### 이서's TIP

감자에 따라 식감이 너무 퍽퍽하다면 우유 20~30ml를 넣어 섞어주세요.

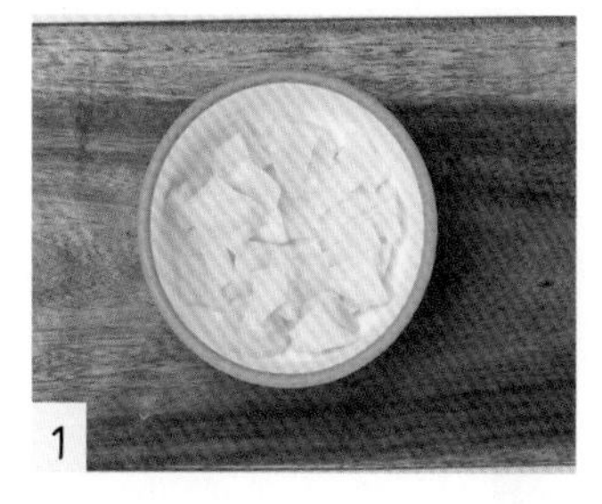

1 감자는 깨끗이 씻은 후 찌거나 삶아주세요.

전용 용기에 물 30ml와 함께 담아 전자레인지에 5분간 돌리면 익어요.

2 게살은 찢어서 준비해주세요.

3 찐 감자를 으깨고 게살과 마요네즈 1T을 넣어 섞어주세요.

쫀득한 감자전을 만드는 비법

# 감자시금치전

아이가 나물을 먹지 않을 때 꼭 한번 만들어주세요.
언제 그랬냐는 듯 잘 먹게 될 거예요.

□ 감자 1개(130g)
□ 시금치 50g
□ 물 100ml
□ 부침가루 3.5T
□ 올리브유 약간

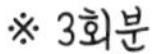
※ 3회분

• 냉장 보관 7일
※ 전자레인지에 30초간 데워주세요.

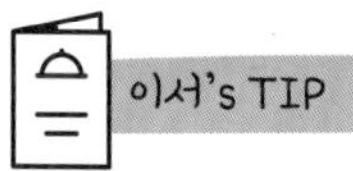


감자는 반죽을 갈아서 만들면 더욱 쫀득하게 먹을 수 있어요.

1
시금치는 밑동을 자르고 깨끗이 씻어 준비해주세요.

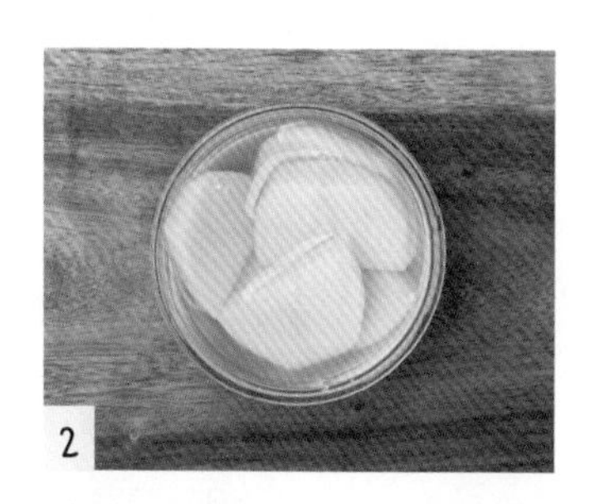
2
감자는 깨끗이 씻어 큼직하게 썰고 찬물에 담가 전분 기를 제거해주세요.

3
믹서에 시금치, 감자, 물 100ml를 넣어 갈아주세요.

4
(3)을 볼에 담아 부침가루를 넣고 골고루 섞어주세요.

반죽의 농도는 물처럼 흐르지 않고 걸쭉한 정도로 맞춰주세요.

5
팬에 올리브유를 둘러주고 반죽을 한 숟갈씩 한입 크기로 올려주세요.

6
약한 불로 타지 않게 조리하며 밑면이 다 익었을 때 뒤집어주세요. 앞뒤 모두 노릇하게 익혀주세요.

활용도 최고! 맛있는 반찬 조합

# 새우감자부추볼

반찬으로도 좋고, 한 그릇 요리로도 좋은 활용도 만점 레시피예요.

- ☐ 감자 150g
- ☐ 부추 30g
- ☐ 냉동 흰다리새우 200g
- ☐ 전분 2T
- ☐ 달걀 1개

※ 3회분

- 냉장 보관 7일 / 냉동 보관 3주

※ 냉장: 전자레인지에 1분간 데워주세요.
냉동: 전자레인지에 3분간 데워주세요.

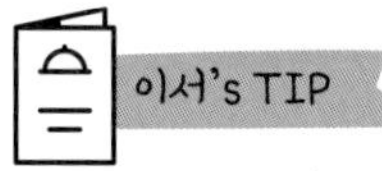


파스타, 리소토 등을 만들 때 마지막에 넣으면 미트볼처럼 먹일 수 있어요.

1 감자는 깨끗이 씻은 후 찌거나 삶아 준비해주세요.

전용 용기에 물 30ml와 함께 넣어 전자레인지에 5분간 돌리면 익어요.

2 부추는 작게 다진 후 찬물에 담가 매운 기를 제거해주세요.

3 흰다리새우는 찬물에 담가 해동한 후 다져서 준비해주세요.

4 볼에 감자를 담아 으깨고 다진 새우와 부추를 넣어주세요.

5 전분을 넣어 반죽하고 완성된 반죽을 동그랗게 빚어주세요.

6 달걀을 풀어 반죽에 달걀 옷을 입혀주세요.

7 에어프라이어에 넣고 180℃로 7분간 돌려주세요.

No 달걀 동그랑땡 레시피

# 깻잎동그랑땡

많이 만들어두는 게 이득! 정말 잘 먹는 깻잎 반찬 레시피를 소개할게요.

재료

☐ 다진 돼지고기 150g
☐ 두부 100g
☐ 깻잎 30g
☐ 양파 40g
☐ 당근 30g
☐ 밀가루 2T
☐ 올리브유 약간

※ 15개

보관법

• 냉장 보관 7일 / 냉동 보관 3주

※ 냉장: 전자레인지에 1분간 데워주세요.
냉동: 전자레인지에 3분 또는 해동한 후 프라이팬에 익혀주세요.

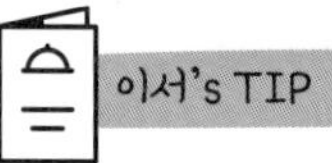

이서's TIP

밥과 함께 부숴서 볶아 볶음밥으로도 먹일 수 있고 밥버거, 스파게티미트볼 등으로 다양하게 활용할 수도 있습니다.

1 모든 채소는 깨끗이 씻고 잘게 다져 준비해주세요.

2 두부는 물기를 제거해주세요.

3 볼에 돼지고기, 두부, 모든 채소를 담고 밀가루를 넣어 섞어주세요.

4 모든 재료를 잘 섞어 치대주세요.

5 동그랗게 모양을 만들어주세요.

6 팬에 올리브유를 둘러 중간 불에서 앞뒤로 익혀주세요.

tip 나중에 먹일 양은 익히지 말고 반죽 그대로 냉동 보관하세요.

호불호 없는 가지 반찬

# 초간단가지튀김

누구나 간단하게 만들 수 있는 레시피로 맛도 좋아
자주 만들게 될 거예요.

### 재료

- ☐ 가지 180g
- ☐ 달걀 2개
- ☐ 튀김가루 또는 부침가루 2T
- ☐ 빵가루 약간
- ☐ 올리브유 적당량

※ 3회분

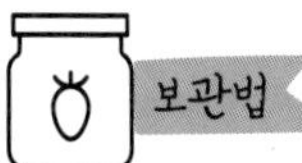

### 보관법

- 냉장 보관 7일

※ 전자레인지에 30초간 데우거나 냉장실에서 그대로 꺼내 먹어도 됩니다.

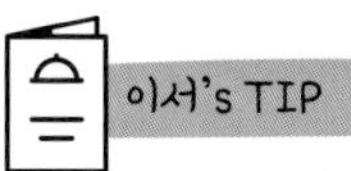

### 이서's TIP

빵가루는 시판 빵가루 대신 식빵 1장을 믹서에 갈아 만들거나 쌀떡뻥을 부숴서 빵가루 대신 사용해도 됩니다.

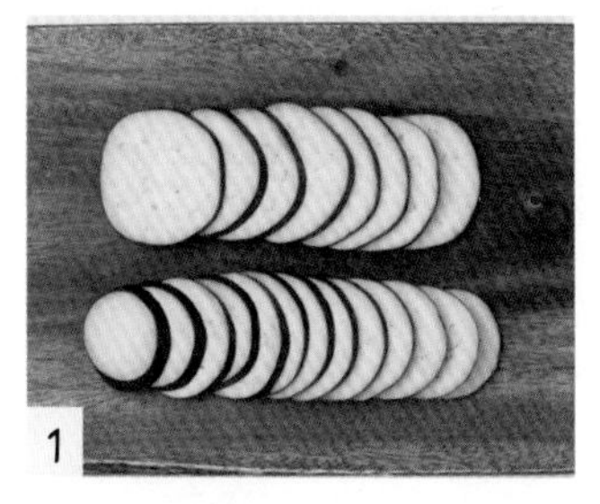

1 가지는 깨끗이 씻은 후 0.5cm 두께로 편 썰어 준비해주세요.

2 달걀은 미리 풀어 준비해주세요.

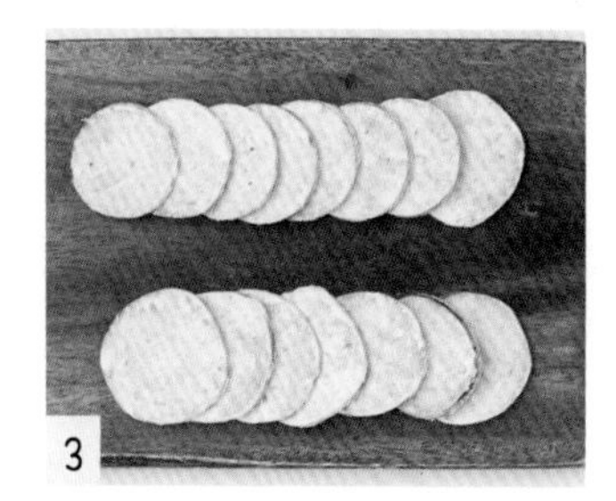

3 가지에 튀김가루를 입혀주세요.

봉지에 넣고 섞어주면 수월해요.

4 튀김가루 묻힌 가지를 달걀물, 빵가루 순으로 입혀주세요.

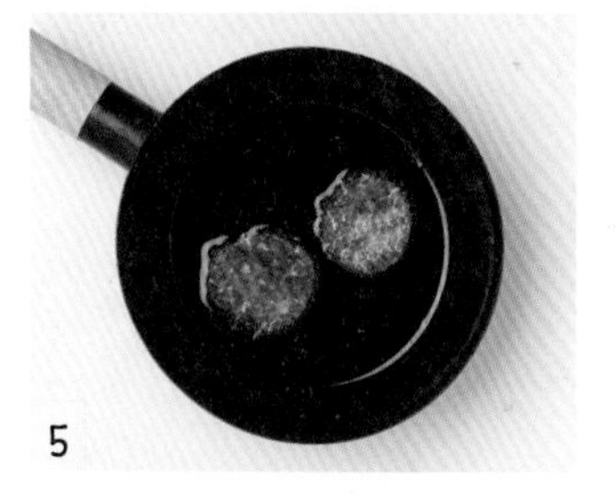

5 웍에 가지가 자작하게 잠길 정도로 올리브유를 넣은 후 튀겨주세요.

빵가루를 뿌려 온도가 적정하게 올랐는지 확인한 후 넣어주세요.

겉바속촉 맛있고 신기한 No 달걀 레시피

# 애호박가스

라이스페이퍼로 만드는 신기한 애호박가스. 특이한 레시피에 아이와 어른 모두 호기심을 가질 거예요.

□ 애호박 ½개
□ 라이스페이퍼 6장
□ 빵가루 약간
□ 올리브유 적당량

※ 6개

• 냉장 보관 7일
※ 전자레인지에 30초 데워주세요.

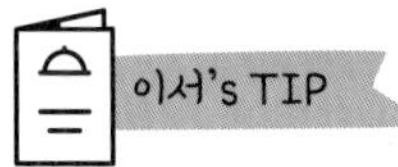


빵가루는 시판 빵가루 대신 식빵 1장을 믹서에 갈아 만들거나 쌀떡뻥을 부숴서 빵가루 대신 사용해도 됩니다.

애호박은 세로로 0.5cm 길이로 썰어주세요.

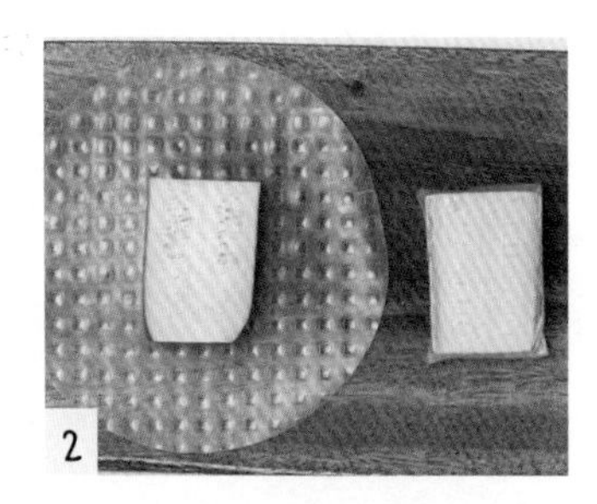


라이스페이퍼에 물을 묻힌 후 애호박을 하나씩 감싸주세요.

빵가루를 묻혀주세요.

팬에 올리브유를 둘러 앞뒤로 익혀주세요.

냉장고 속 잠자는 채소 다 꺼내!

# 냉장고털이채소전

간을 하지 않아도 맛있는 채소전이에요. 온 가족 함께 먹는 반찬으로 딱이죠.

☐ 당근 40g
☐ 애호박 50g
☐ 감자 150g
☐ 부침가루 3T
☐ 물 50ml
☐ 올리브유 약간

※ 10개

• 냉장 보관 7일 / 냉동 보관 3주

※ 냉장 : 전자레인지에 1분간 데워주세요.
냉동 : 전자레인지에 3분간 데워주세요.

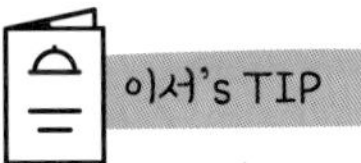


애호박 대신 고구마를 넣어도 맛있고 양파를 추가해도 좋습니다.

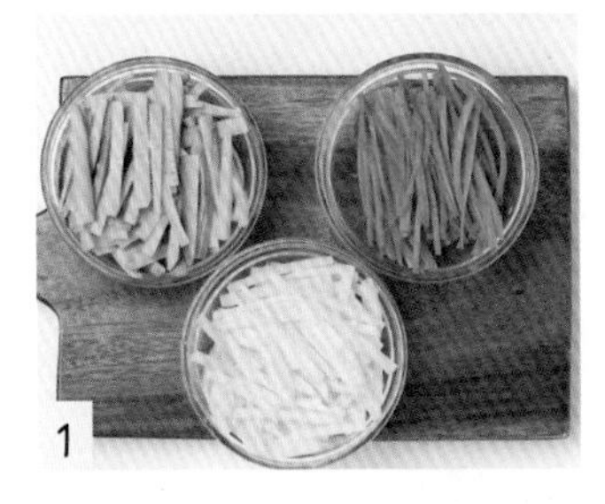

1

채소는 모두 깨끗이 씻은 후 당근과 감자는 껍질을 제거한 다음 채 썰고, 애호박도 채 썰어주세요.

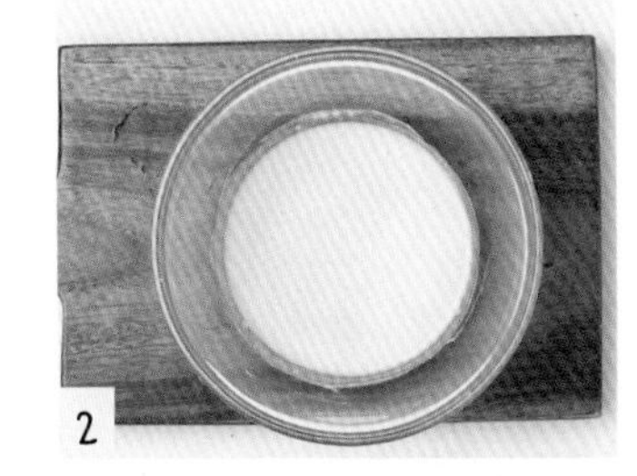

2

볼에 부침가루와 물 50ml를 넣어 반죽을 만들어주세요.

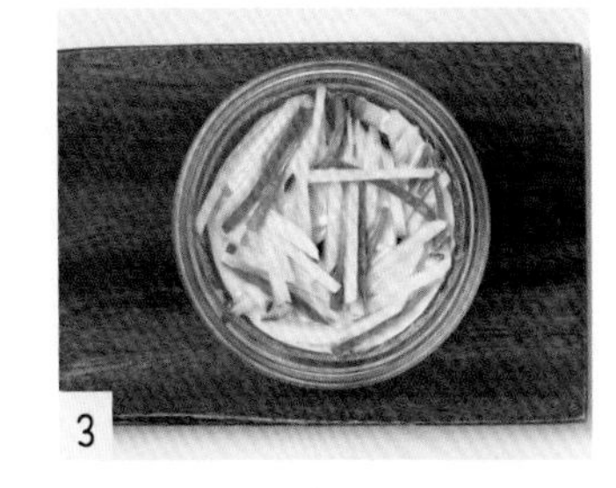

3

반죽에 채 썬 당근, 애호박, 감자를 넣고 잘 버무려주세요.

4

팬에 올리브유를 두른 후 반죽을 한 숟갈씩 올려 손바닥만 한 크기로 만들고 앞뒤로 구워주세요.

신랑이 극찬한 아기 반찬

# 새우동그랑땡

간하지 않아도 맛있는 반찬으로 유아식 초기부터 쭉 먹일 수 있어요.

☐ 냉동 흰다리새우 200g
☐ 다진 채소 80g
☐ 전분 1T
☐ 달걀노른자 1개 분량
☐ 올리브유 적당량

※ 10개

• 냉장 보관 7일 / 냉동 보관 3주

※ 냉장: 전자레인지에 1분간 데워주세요.
냉동: 전자레인지에 3분간 데워주세요.

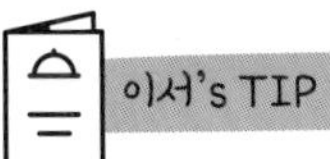


당근, 애호박, 양파, 대파 등 냉장고 속 아무 채소나 사용 가능합니다.

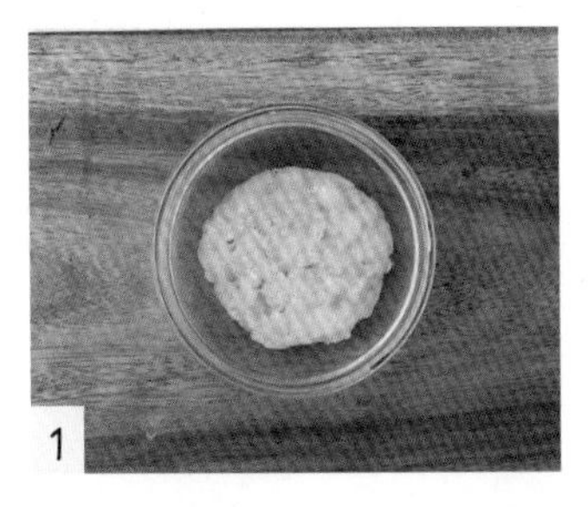

1 새우는 찬물에 해동한 후 차퍼로 다져주세요.

2 볼에 다진 새우를 넣고 다진 채소, 전분, 달걀노른자를 넣고 섞어 반죽을 만들어주세요.

3 팬에 올리브유를 넉넉하게 둘러주세요.

4 반죽을 한 숟갈씩 떠 동그랗게 올려주세요.

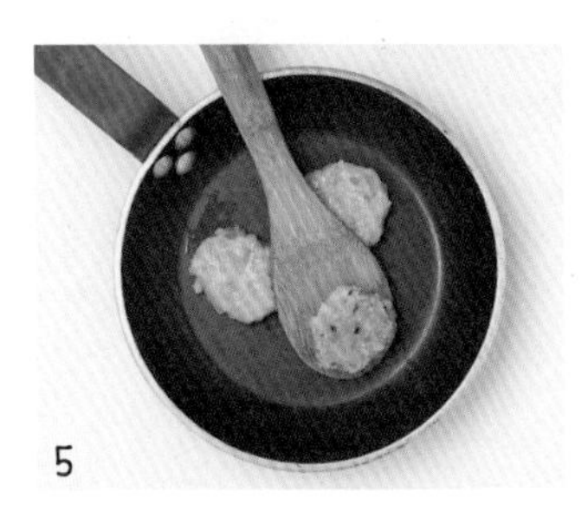

5 바닥 면이 익었을 때 뒤집어서 눌러주세요

6 앞뒤로 골고루 구워 완성합니다.

식감에 예민한 아이도 완밥!

# 두부달걀볶음밥

식감에 예민한 아이를 위한 부드러운 두부달걀 레시피예요.

- ☐ 밥 100g
- ☐ 두부 60g
- ☐ 다진 채소 50g
- ☐ 달걀 1개
- ☐ 참기름 1T
- ☐ 통깨 약간
- ☐ 올리브유 약간

※ 1회분

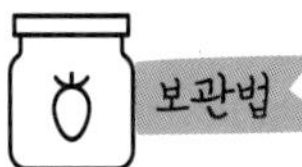


· 냉장 보관 7일 / 냉동 보관 3주

※ 냉장 : 전자레인지에 1분간 데워주세요.
냉동: 전자레인지에 3분간 데워주세요.

이서's TIP

당근, 애호박, 양파, 대파 등 냉장고 속 아무 채소나 사용 가능합니다.

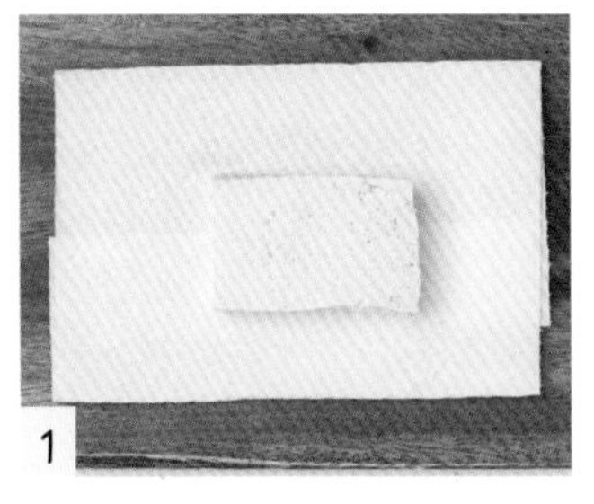


두부는 물기를 제거해주세요.

팬에 올리브유를 두르고 다진 채소를 넣어 볶아주세요.

두부를 넣은 후 으깨며 볶아주세요.

달걀을 넣고 스크럼블하며 볶아주세요.

완성된 (4)를 밥 위에 얹고 참기름 1T, 통깨 약간을 넣어주세요.

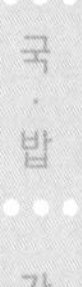

든든한 돼지고기덮밥

# 돼지고기된장덮밥

짜지 않고 부드러운 아기 된장을 활용해 깊고 맛있는 덮밥을 만들어보세요.

- ☐ 밥 100g
- ☐ 다진 돼지고기 60g
- ☐ 다진 채소 50g
- ☐ 전분물(전분 0.5T+물 30ml)
- ☐ 물 40ml
- ☐ 아기 된장 0.5T

※ 1회분

- 냉장 보관 7일 / 냉동 보관 3주

※ 냉장 : 전자레인지에 1분간 데워주세요.
냉동: 전자레인지에 3분간 데워주세요.

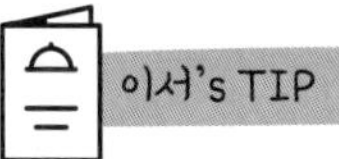


당근, 애호박, 양파, 대파 등 냉장고 속 아무 채소나 사용 가능합니다.

달군 팬에 돼지고기를 넣고 볶아주세요.

물 20ml와 채소를 모두 넣어 볶아주세요.

아기 된장 0.5T을 넣고 조려주세요.

거의 조려졌을 때 물 20ml를 추가하고 전분물을 넣어 농도를 맞춰주세요.

(4)를 밥 위에 올려주세요.



3분 요리 반찬 한그릇 간식 5분 요리 반찬 국 한그릇 간식 10분 반찬 한그릇 간식 스페셜 요리 반찬 국·밥 간식

이제부터 밥태기는 없는 겁니다

# 치즈새우밥머핀

밥태기 치트키 또는 간단하고 든든한 아침 메뉴로 추천해요.

재료

☐ 밥 80g
☐ 냉동 흰다리새우 40g
☐ 다진 채소 20g
☐ 달걀 1개
☐ 아기 치즈 1장

※ 4개

보관법

• 냉장 보관 7일 / 냉동 보관 3주

※ 냉장 : 전자레인지에 1분간 데워주세요.
냉동: 전자레인지에 3분간 데워주세요.

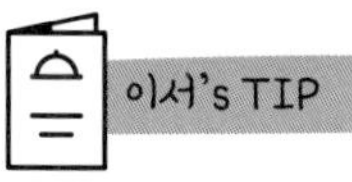

이서's TIP

당근, 애호박, 양파, 대파 등 냉장고 속 아무 채소나 사용 가능합니다.

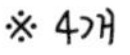

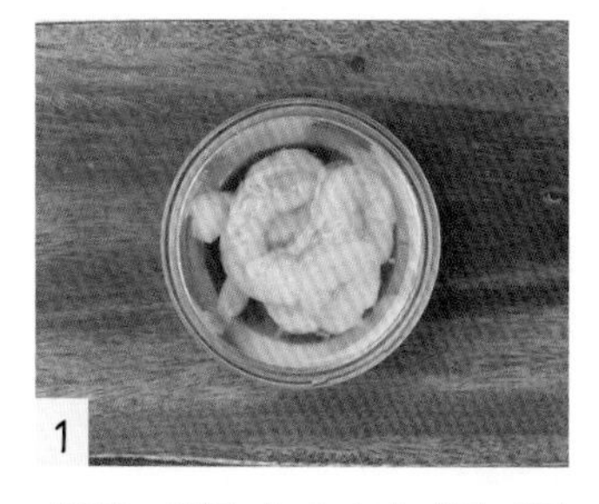

1 새우는 찬물에 담가서 해동해주세요.

2 해동한 새우를 작게 자르거나 다져서 준비해주세요.

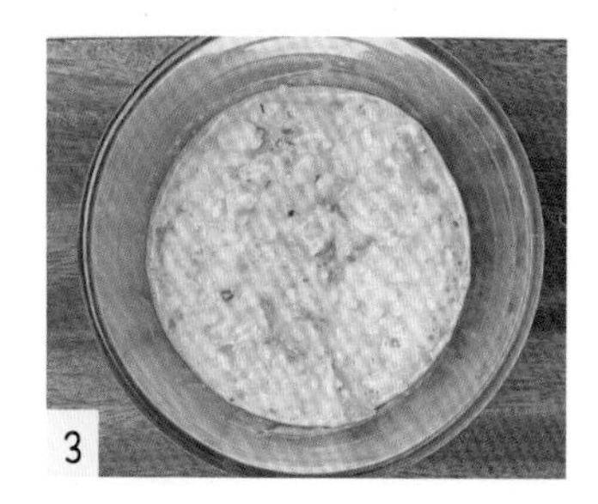

3 볼에 밥, 다진 새우, 다진 채소, 달걀을 넣고 잘 섞어주세요.

4 실리콘 머핀 틀에 반죽을 나눠 담아주세요.

5 반죽 위에 아기 치즈를 잘라 나눠 담아주세요.

6 에어프라이어에 넣고 180℃로 10분간 돌려주세요.

부드러운 두부와 맛있는 참치의 만남

# 두부참치밥머핀

아침 메뉴 또는 외출 시 식사로 간편하게 챙길 수 있는 메뉴라 유용해요.

☐ 밥 90g
☐ 두부 100g
☐ 다진 채소 50g
☐ 참치(캔) 40g
☐ 달걀 1개

※ 6개

· 냉장 보관 7일

※ 전자레인지에 1분간 데워주세요.

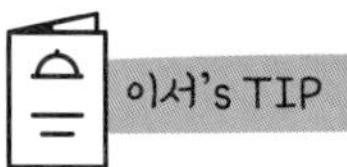


당근, 애호박, 양파, 대파 등 냉장고 속 아무 채소나 사용 가능합니다.

1 두부는 물기를 제거한 후 으깨서 준비해주세요.

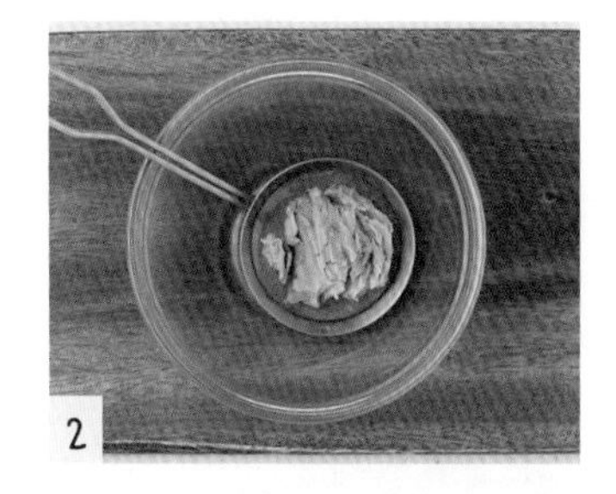

2 참치는 기름을 빼서 준비해주세요.

참치에 간이 되어 있으므로 끓는 물에 30초 정도 데쳐도 좋습니다.

3 볼에 으깬 두부, 다진 채소, 참치, 밥을 넣고 섞어주세요.

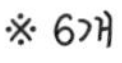

4 달걀을 풀어 넣어 섞어주세요.

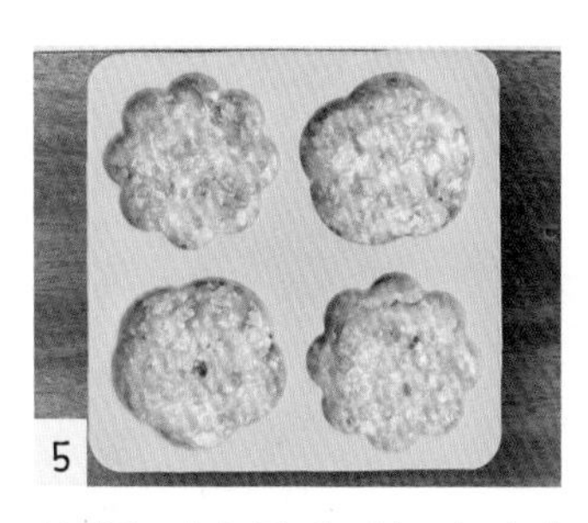

5 실리콘 머핀 틀에 나누어 담아주세요.

6 에어프라이어에 넣고 180℃로 10분간 돌려주세요.

젓가락으로 눌러 익었는지 확인한 후 5분 더 돌려주세요.

정말 맛있는 자기 주도 메뉴

# 소고기채소밥머핀

자기 주도 유아식으로 추천하는 메뉴예요. 아이가 혼자 쥐고 먹을 수 있게 해주세요.

- ☐ 밥 120g
- ☐ 다진 채소 80g
- ☐ 다진 소고기 50g
- ☐ 달걀 2개
- ☐ 아기 치즈 1장

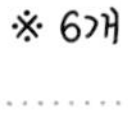

- 냉장 보관 7일

※ 전자레인지에 1분간 데워주세요.

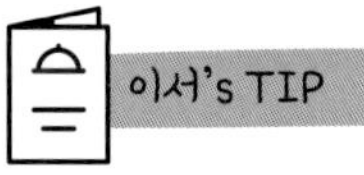


당근, 애호박, 양파, 대파 등 냉장고 속 아무 채소나 사용 가능합니다.
간을 하지 않아도 맛있지만, 필요에 따라 반죽에 아기 소금을 약간 넣어도 됩니다.

1 볼에 밥, 다진 소고기, 다진 채소, 달걀을 담아 섞어주세요.

2 실리콘 머핀 틀에 반죽을 나눠 담습니다. 이때 각각의 틀이 반만 채워지도록 담아주세요. 아기 치즈도 나눠 담아주세요.

3 치즈 위에 반죽을 채워주세요.

4 에어프라이어에 넣고 180℃로 10분간 돌려주세요.

젓가락으로 찔러 익었는지 확인한 후 2~3분 추가해주세요.

속 편한 유아식

# 소고기양배추덮밥

10분 만에 맛있는 한 그릇 유아식을 뚝딱 만들 수 있는 레시피예요.

☐ 밥 100g
☐ 물 70ml
☐ 다진 소고기 50g
☐ 올리브유 약간
☐ 양배추 40g
☐ 양파 10g
☐ 달걀 1개
☐ 쌀조청 1T
☐ 아기 간장 1T

※ 1회분

• 냉장 보관 7일 / 냉동 보관 3주

※ 냉장: 전자레인지에 1분간 데워주세요.
냉동: 전자레인지에 3분간 데워주세요.

무염 버전은 소고기, 양배추, 양파 모두 채수로 볶고 물도 채수로 대체하면 돼요. 아기 간장, 쌀조청은 넣지 마세요.

양배추와 양파는 아이가 잘 먹는 크기로 채 썰거나 다져서 준비해주세요.

팬에 올리브유를 둘러 소고기를 볶아주세요.

양배추, 양파를 넣고 볶다가 물 20ml를 넣고 볶아주세요.

양배추의 숨이 죽으면 물 50ml를 더 넣어주세요.

아기 간장 1T, 쌀조청 1T을 넣어 간해주세요.

달걀을 풀어 넣고 약한 불에 조려주세요.

완성된 (6)을 밥 위에 올려주세요.

누구나 10분 만에 만드는 초간단 레시피

# 사골달걀죽

간편한 아침 메뉴로 추천하는 한 그릇 유아식이에요.

☐ 밥 120g
☐ 사골 육수 250ml
☐ 다진 채소 80g
☐ 참기름 1T
☐ 통깨 약간
☐ 달걀 1개

※ 1~2회분

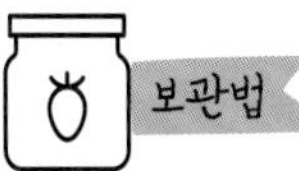


· 냉장 보관 7일
※ 전자레인지에 1분간 데워주세요.

당근, 애호박, 양파, 대파 등 냉장고 속 아무 채소나 사용 가능합니다.
무조미 김을 조금 잘라 넣어도 좋습니다.

냄비에 참기름 1T을 넣고 다진 채소를 볶아주세요.

채소가 다 익으면 사골 육수 250ml를 넣어 끓여주세요.

육수가 끓어오르면 밥을 넣어 섞어주세요.

어느 정도 졸아들었을 때 달걀을 넣어 섞어주세요.

통깨를 약간 뿌려 완성하세요.

쉽고 맛있는 덮밥

# 소고기새우덮밥

통통한 새우 식감에 더 잘 먹는 덮밥 메뉴예요.
아이와 어른이 함께 먹어도 좋아요.

☐ 밥 100g
☐ 채수 또는 국물 팩 우린 물 250ml
☐ 다진 소고기 50g
☐ 냉동 흰다리새우 30g
☐ 다진 채소 50g
☐ 전분물(전분 0.5T+물 30ml)

※ 1~2회분

• 냉장 보관 7일 / 냉동 보관 3주

※ 냉장: 전자레인지에 1분간 데워주세요.
냉동: 전자레인지에 3분간 데워주세요.

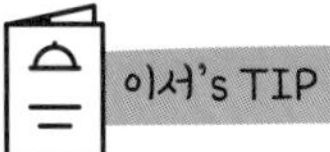


당근, 애호박, 양파, 대파 등 냉장고 속 아무 채소나 사용 가능합니다.

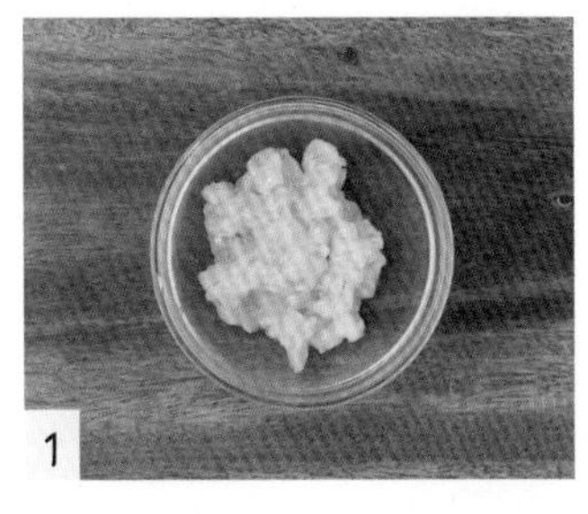

1 흰다리새우는 0.5cm 크기로 다져서 준비해주세요.

2 냄비에 채수 250ml를 넣어 끓여주세요.

3 흰다리새우, 다진 소고기, 다진 채소를 넣고 3~5분 정도 더 끓여주세요.

4 전분물을 넣어 걸쭉해졌을 때 불을 꺼주세요.

전분물을 넣지 않고 국물덮밥처럼 만들어도 좋습니다.

5 밥 위에 올립니다.

간단하고 맛있는 특식

# 크림새우카레리소토

순한 맛 카레로 우유를 넣어 더욱 부드럽게 먹일 수 있어요.

- ☐ 밥 100g
- ☐ 냉동 흰다리새우 40g
- ☐ 우유 130ml
- ☐ 감자 30g
- ☐ 양파 10g
- ☐ 당근 10g
- ☐ 아기 치즈 1장
- ☐ 카레가루 0.5T
- ☐ 올리브유 약간

※ 1회분

- 냉장 보관 7일

※ 전자레인지에 1분간 데워주세요.

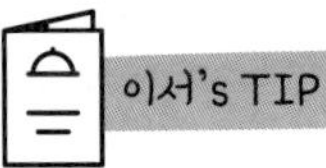


밥 대신 우동 면, 파스타 면을 넣어 크림새우우동파스타로 먹일 수 있는 메뉴예요.

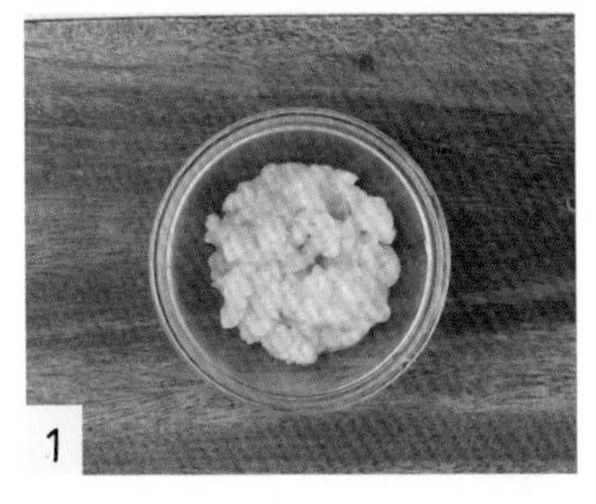

1 새우는 찬물에 해동한 후 아이가 잘 먹는 크기로 다져주세요.

2 감자, 양파, 당근도 작게 다져 준비해주세요.

3 팬에 올리브유를 두르고 새우를 먼저 볶아주세요.

4 새우가 어느 정도 익으면 감자, 양파, 당근을 넣고 볶아주세요.

5 우유 130ml와 카레가루를 넣고 풀어주세요.

6 밥을 넣어 섞어주고 아기 치즈를 넣어 약한 불에 졸여주세요.

사골 육수로 만드는 맛있는 고기국수

# 한우사골국수

라면 끓이는 것만큼이나 쉬우니 꼭 한번
만들어보세요.

☐ 소면(불리기 전) 60g
☐ 소고기 안심(구이용) 50g
☐ 사골 육수 400ml
☐ 달걀 1개
☐ 대파 10g
☐ 소금 약간(선택)

※ 1회분

· 냉장 보관 7일 / 냉동 보관 3주

※ 소면 제외 육수만 보관하세요. 냄비에 육수를 넣어 끓이고 소면을 새로 삶아 넣으면 됩니다.

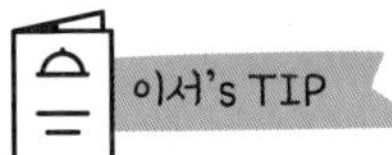


아기 김 1봉을 잘라 넣어도 좋습니다.

1 소면은 끓는 물에 삶은 후 찬물로 헹궈 준비해주세요.

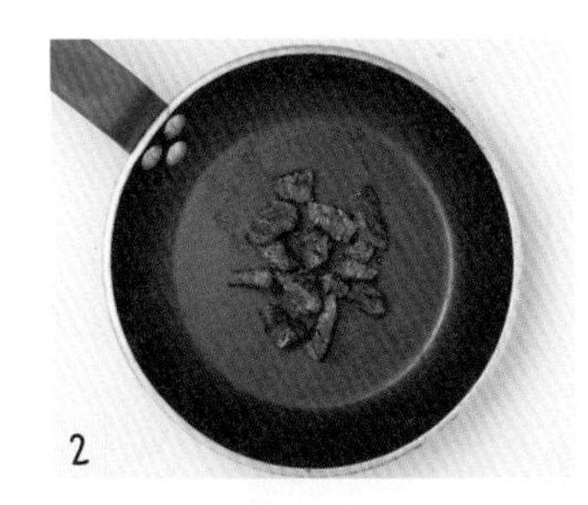

2 소고기는 팬에 구운 후 아이가 잘 먹을 수 있는 크기로 잘라주세요.

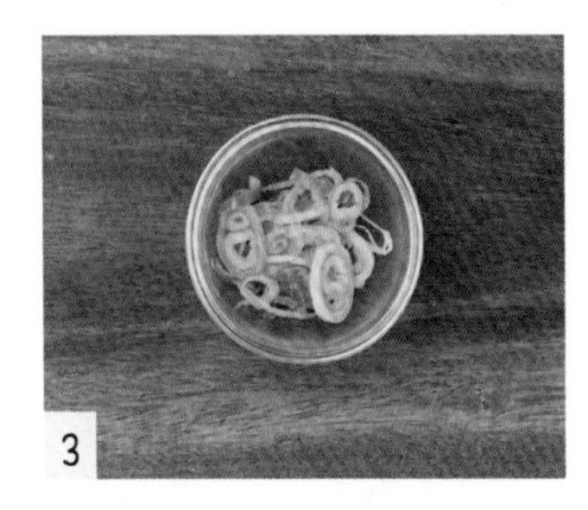

3 대파도 얇게 썰어 준비합니다.

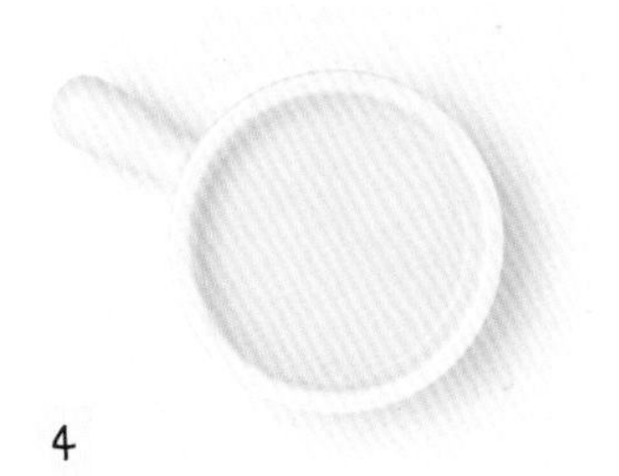

4 냄비에 사골 육수 400ml를 넣어 끓여주세요.

5 끓기 시작하면 소면을 넣고 소금을 약간 넣어 간해주세요.

소금 간은 생략 가능해요.

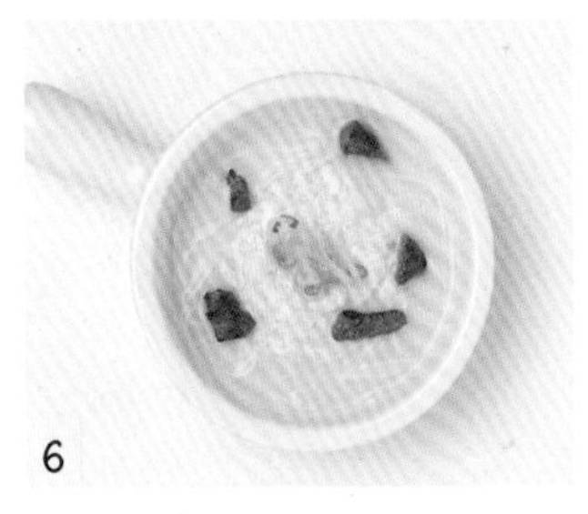

6 달걀을 풀어 넣고 소고기와 대파를 넣어 마무리하세요.

아삭아삭 맛있는

# 소고기깍두기볶음밥

돌부터 먹일 수 있는 맵지 않은 아기 김치를 사용한 레시피예요. 아기가 김치를 맛볼 수 있게 해주세요.

재료

☐ 밥 100g
☐ 다진 소고기 50g
☐ 아기 깍두기 또는 김치 30g
☐ 김칫국물 3T / 참기름 1T
☐ 아기 김 1봉(1.5g)
☐ 대파 10g
☐ 올리브유 약간

※ 1회분

보관법

• 냉장 보관 7일 / 냉동 보관 2주

※ 냉장 : 전자레인지에 1분간 데워주세요.
냉동: 전자레인지에 3분 30초간 데워주세요.

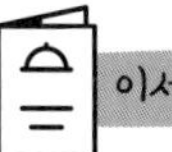

이서's TIP

깍두기 대신 아기 김치를 사용해도 좋습니다.

1

팬에 올리브유를 두르고 대파를 썰어 넣어 볶아주세요.

2

다진 소고기를 넣어서 볶아주세요.

3

소고기가 익으면 아기 깍두기를 넣고 볶아주세요.

4

밥을 넣어 볶다가 김칫국물 3T을 넣어주세요.

김칫국물 대신 파프리카장 0.5T을 넣어도 좋습니다.

5

국물이 졸아들면 아기 김을 잘라 넣고 불을 꺼주세요.

6

참기름 1T을 넣어 섞어주세요.

든든하고 맛있는 한 끼

# 가자미버터볶음밥

부드러운 가자미와 풍미 가득한 버터의 만남. 초간단 볶음밥 레시피라 만들기도 쉬워요.

- ☐ 밥 100g
- ☐ 순살 가자미 100g
- ☐ 다진 채소 30g
- ☐ 아기 간장 1T(선택)
- ☐ 무염 버터 15g

※ 1회분

- 냉장 보관 3일 / 냉동 보관 2주

※ 냉장: 전자레인지에 1분간 데워주세요.
냉동: 전자레인지에 3분간 데워주세요.

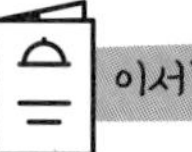

이서's TIP

당근, 애호박, 양파, 대파 등 냉장고 속 아무 채소나 사용 가능합니다.

1

팬에 무염 버터를 넣어 녹인 후 순살 가자미를 넣은 다음 익혀주세요.

2

익힌 순살 가자미를 주걱으로 잘게 부숴주세요.

3

다진 채소를 넣고 함께 볶다가 밥을 넣어 섞어주세요.

4

기호에 따라 아기 간장 1T을 넣어 볶아주세요.

온 가족 함께 완밥

# 대패삼겹덮밥

밥 리필을 부르는 완밥 레시피 중 하나입니다. 쉽고 맛있게 한 그릇 먹을 수 있어요.

☐ 밥 100g
☐ 대패 삼겹살 60g
☐ 저염 굴소스 또는 아기 간장 1T
☐ 쌀조청 1T
☐ 아기 김 1봉(1.5g)

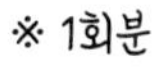
※ 1회분

· 냉장 보관 3일
※ 전자레인지에 1분간 데워주세요.

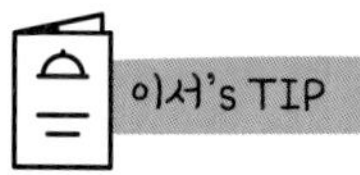


양파와 함께 넣어 볶아도 좋습니다.
저염굴 소스는 '다온' 제품을 사용했어요.

팬에 대패 삼겹살을 올려 볶아주세요.

다 익으면 아이가 잘 먹는 크기로 잘라주세요.

(2)에 저염 굴소스 1T, 쌀조청 1T을 넣어 볶아주세요.

밥 위에 올려주세요.

아기 김을 잘라 넣거나 김가루를 뿌려주세요.

엄마는 달걀노른자를 올려 먹으면 맛있어요.

3분 요리 반찬 한그릇 간식 5분 요리 반찬 국 한그릇 간식 10분 반찬 한그릇 간식 스페셜 요리 반찬 국·밥 간식

간단하고 맛있는 유아 우동

# 소고기볶음우동

엄마랑 아이랑 함께 먹는 한 끼로 추천해요. 채소와 소고기가 어우러져 부드럽고 우동 면으로 든든함도 챙겼어요.

- ☐ 우동 면 100g
- ☐ 소고기 50g
- ☐ 달걀 1개
- ☐ 양파 20g
- ☐ 당근 10g
- ☐ 아기 간장 1.5T
- ☐ 쌀조청 1.5T
- ☐ 물 20ml
- ☐ 올리브유 약간

※ 1회분

- 냉장 보관 7일(면 제외)

※ 보관해둔 소고기볶음과 새로 삶은 우동 면을 프라이팬에 함께 넣어 조리하세요.

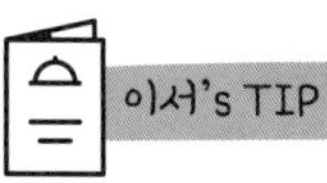


냉장고 사정에 따라 당근, 애호박, 버섯 등 다른 채소를 추가해도 좋습니다.

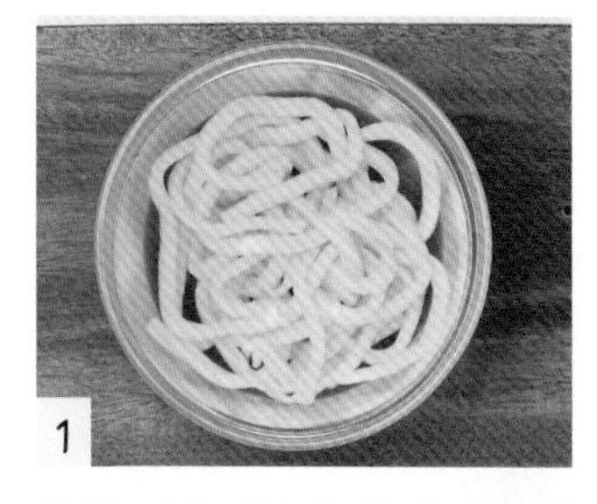

1 우동 면은 2분간 삶아 찬물에 담가 헹궈서 준비해주세요.

2 팬에 올리브유를 두르고 달걀을 넣은 후 스크럼블해서 준비해주세요.

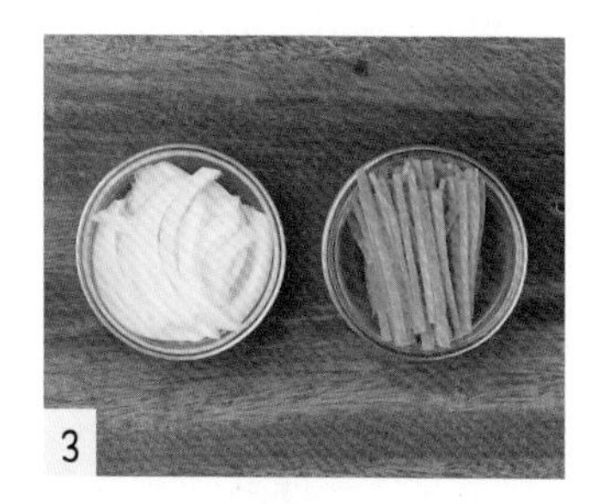

3 양파, 당근은 얇게 채 썰거나 작게 다져서 준비합니다.

4 팬에 다진 소고기와 양파, 당근을 넣어 볶아주세요.

5 아기 간장 1.5T, 쌀조청 1.5T을 넣고 함께 볶아주세요.

6 물 20ml와 우동 면을 넣고 양념이 잘 배도록 볶아주세요.

어릴 때 먹던 그 맛

# 소고기간장달걀밥

바쁠 때 먹일 수 있는 한 끼로 추천하는 메뉴입니다.

☐ 밥 100g
☐ 다진 소고기 50g
☐ 달걀 1개
☐ 아기 간장 1.5T
☐ 참기름 1T
☐ 통깨 약간
☐ 올리브유 약간

※ 1회분

· 냉장 보관 7일

※ 전자레인지에 1분간 데워주세요.

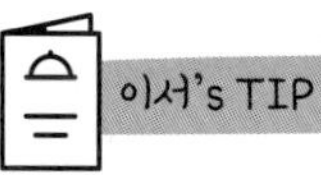


아기 김 1봉이나 김자반을 조금 추가해도 좋습니다.

1

팬에 다진 소고기를 넣고 아기 간장 1T을 넣어 볶아주세요.

2

팬에 올리브유를 두르고 달걀을 넣어 프라이를 하거나 스크럼블 해주세요.

3

밥 위에 (1)의 소고기볶음과 (2)의 스크럼블드에그를 올려주세요.

4

아기 간장 0.5T, 참기름 1T, 통깨 약간을 넣어 섞어주세요.

중식 느낌 한 그릇 유아식

# 새우청경채덮밥

맛있다고 '쌍따봉' 날려준 한 그릇 유아식 레시피예요.

☐ 밥 100g
☐ 청경채 50g
☐ 냉동 흰다리새우 40g
☐ 대파 10g
☐ 채수 120ml
☐ 전분물(전분 1T+물 3T)
☐ 올리브유 약간

※ 1회분

· 냉장 보관 7일

※ 전자레인지에 1분간 데워주세요.

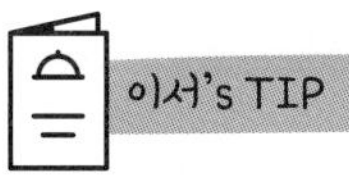


밥 대신 우동 면을 넣어 우동으로 먹여도 잘 먹어요.

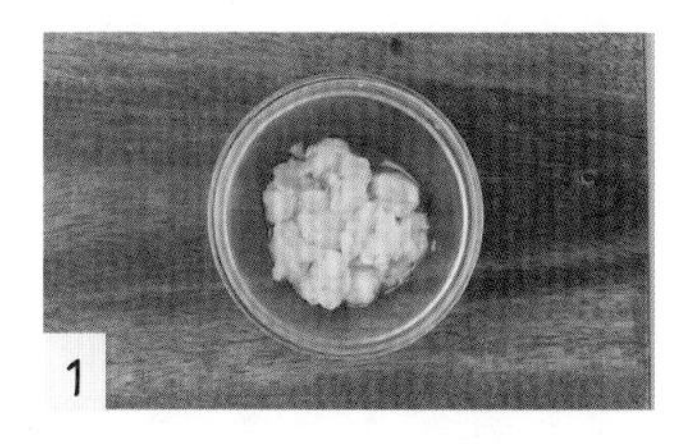

새우는 찬물에 해동한 후 아이가 잘 먹는 크기로 다져주세요.

청경채는 깨끗이 씻어 2cm 길이로 잘라 준비해주세요.

팬에 올리브유를 두르고 대파를 송송 썰어 볶아주세요.

새우를 넣어 볶아주세요.

청경채를 넣고 숨이 죽을 때까지 볶아주세요.

채수 120ml를 넣고 끓이다 전분물을 넣어 농도를 맞춰주세요.

간이 필요하면 전분물을 넣기 전 아기 간장 0.5T을 넣어주세요.

완성된 (6)을 밥 위에 올려주세요.

돌 전부터 먹이는 특별 메뉴

# 고구마우유리소토

고구마와 우유가 만나 달콤하고 부드러운 한 끼 유아식이 됐어요.

☐ 밥 100g
☐ 찐 고구마 70g
☐ 우유 180ml
☐ 양파 30g
☐ 아기 치즈 1장
☐ 무염 버터 10g

※ 1회분

· 냉장 보관 3일

※ 전자레인지에 1분간 데워주세요.

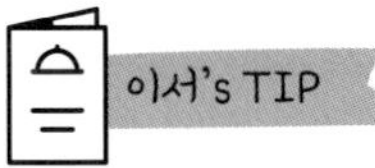


단호박이나 감자로 대체해도 좋아요.

1

양파는 잘게 다져서 준비해주세요.

2

찐 고구마와 우유 180ml를 믹서에 넣고 갈아주세요.

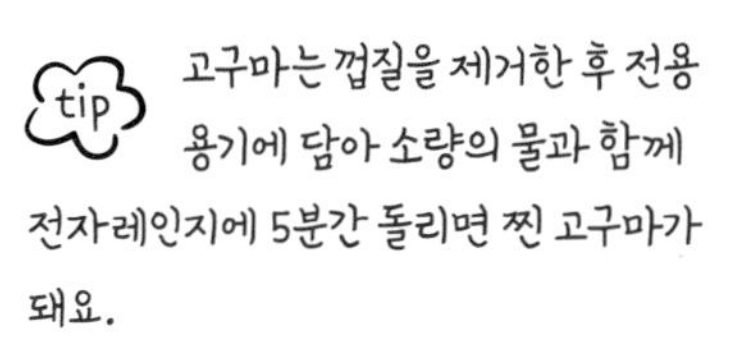

tip 고구마는 껍질을 제거한 후 전용 용기에 담아 소량의 물과 함께 전자레인지에 5분간 돌리면 찐 고구마가 돼요.

3

팬에 무염 버터를 녹이고 양파를 넣어 볶아주세요.

4

양파가 투명하게 익었을 때 (2)의 갈아둔 고구마우유를 넣고 끓여주세요.

5

밥을 넣어 섞고 아기 치즈를 넣어 졸여주세요.



3분 요리
반찬
한그릇
간식
5분 요리
반찬
국
한그릇
간식
10분
반찬
한그릇
간식
스페셜 요리
반찬
국·밥
간식

고소하고 달콤한 완밥 유아식

# 옥수수크림파스타

리소토로도, 파스타로도, 수프로도 정말 맛있게 잘 먹는 활용도 만점 메뉴예요.

재료

☐ 초당옥수수 1자루
☐ 양파 50g
☐ 우유 150ml
☐ 아기 치즈 1장
☐ 파스타 면 70g(삶기 전)
☐ 무염 버터 20g

※ 2회분

보관법

· 냉장 보관 7일 / 냉동 보관 3주 (소스만)

※ 프라이팬이나 냄비에 소스를 넣고 새로 삶은 파스타 면과 치즈를 넣어 조리하세요.

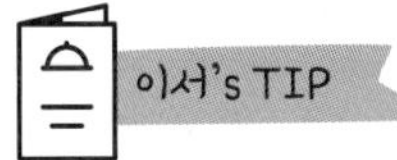

이서's TIP

파스타 면 대신 밥을 넣어 리소토로, 면이나 밥을 넣지 않고 수프로도 먹을 수 있는 메뉴입니다.

파스타 면은 끓는 물에 미리 삶아서 준비해주세요.

초당옥수수는 깨끗이 씻고 알만 분리해 준비해주세요.

양파도 잘게 다져서 준비해주세요.

팬에 무염 버터를 녹인 다음 양파, 초당옥수수를 넣어 볶아주세요.

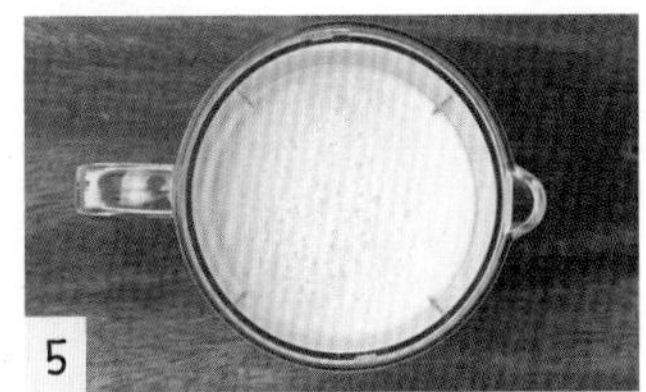

재료 모두 익으면 팬에서 꺼내 우유 150ml와 함께 믹서나 차퍼에 담아 갈아주세요.

tip 더욱 부드럽게 먹기 위한 과정으로 생략 가능합니다.

갈아둔 옥수수양파우유를 다시 팬에 넣고 끓여주세요.

삶아둔 파스타 면을 넣고 아기 치즈를 넣어 졸여주세요.

간단하면서도 특별한 맛

# 훈제오리시금치덮밥

든든한 한 끼로 좋은 담백한 한 그릇 유아식이에요.

- □ 밥 100g
- □ 훈제 오리 80g
- □ 다진 채소 80g
- □ 데친 시금치 50g
- □ 채수 120ml
- □ 올리브유 약간

※ 1회분

- 냉장 보관 7일

※ 전자레인지에 1분간 데워주세요.

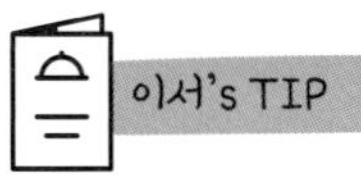


전분물(전분 1T+물 3T)을 넣어 꾸덕하게 졸여도 좋습니다.

훈제 오리는 끓는 물에 30초~1분 정도 데친 후 작게 잘라 준비해주세요.

기름과 염분을 제거하기 위한 과정으로 데칠수록 부드러워져요.

시금치도 30초 데쳐서 작게 잘라 준비해주세요.

팬에 올리브유를 둘러 데친 훈제 오리를 넣고 볶아주세요.

다진 채소를 넣고 함께 볶아주세요.

채수 120ml를 넣고 끓으면 시금치를 넣어 졸여주세요.

간이 필요하면 아기 간장을 0.5T 정도 넣어도 좋습니다.

밥 위에 올려 마무리합니다.

애호박이 이렇게 맛있다고?

# 애호박크림파스타

후기 이유식부터 먹일 수 있는 메뉴로 자기 주도식으로 추천해요.

재료

- ☐ 애호박 70g
- ☐ 양파 40g
- ☐ 무염 버터 15g
- ☐ 우유 110ml
- ☐ 푸실리 파스타 면 50g(삶기 전)
- ☐ 아기 치즈 1장
- ☐ 물 약간

※ 1회분

보관법

- 냉장 보관 7일 / 냉동 보관 2주 (소스만)

※ 프라이팬이나 냄비에 소스를 넣고 파스타 면과 함께 조리해주세요.

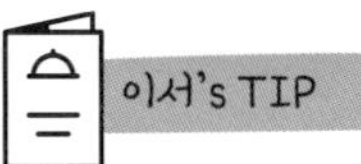

이서's TIP

일반 파스타 면이나 밥을 사용해 파스타, 리소토로도 활용할 수 있는 메뉴입니다.

1 파스타 면은 끓는 물에 삶아 미리 준비해주세요.

2 애호박, 양파도 썰어서 준비해주세요.

3 팬에 무염 버터를 녹이고 애호박, 양파를 넣어 볶아주세요.

4 애호박, 양파가 말캉해질 때까지 물을 약간 넣으면서 볶아주세요.

5 볶은 애호박, 양파와 우유 110ml를 믹서에 넣어 갈아주세요.

6 (5)의 애호박양파소스를 팬에 붓고 아기 치즈를 넣은 후 졸여주세요.

7 미리 삶아둔 파스타 면에 소스를 부어주면 완성입니다.

간편한데 든든하다

# 집밥고기덮밥

어른 아이 할 것 없이 잘 먹는 레시피로 꼭 같이 만들어 먹어보세요.

- ☐ 밥 100g
- ☐ 소고기(구이용) 50g
- ☐ 양파 50g
- ☐ 달걀 1개
- ☐ 아기 간장 1.5T
- ☐ 쌀조청 1T
- ☐ 올리브유 약간

※ 1회분

- 냉장 보관 3일

※ 전자레인지에 1분간 데워주세요.

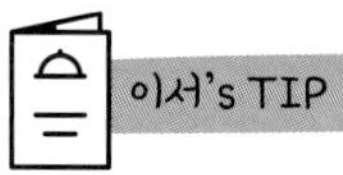


구이용 소고기는 유아식 브랜드에서 구매해 사용하고 있습니다.

양파는 아이가 잘 먹는 크기로 작게 다져서 준비해주세요.

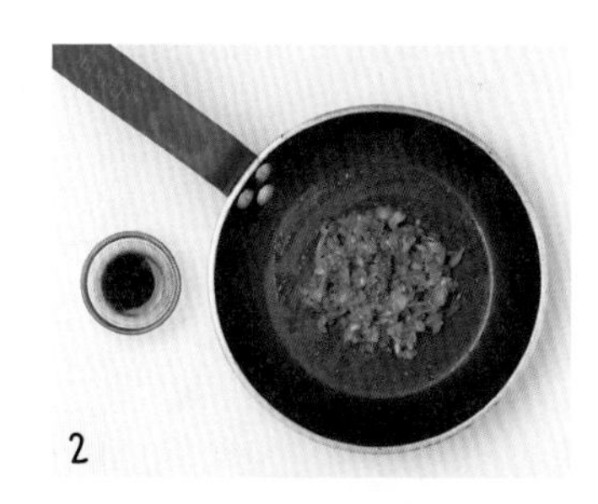


팬에 올리브유를 둘러 양파를 볶습니다. 투명해지면 아기 간장 0.5T을 넣어주세요.

흐물해질 때까지 볶고 따로 담아주세요.

팬에 올리브유를 약간 두른 후 달걀을 넣고 스크럼블한 다음 따로 담아주세요.

팬에 올리브유를 다시 약간 두른 후 소고기를 굽고 아기 간장 1T과 쌀조청 1T을 넣어 구워주세요.

밥 위에 양파, 달걀, 고기 순으로 얹어 덮밥을 만들어주세요.

라이스페이퍼로 만드는 간식

# 아기치즈스틱

아기 치즈와 라이스페이퍼만 있으면 누구나 만들 수 있을 만큼 쉬우니 꼭 만들어보세요.

재료

- ☐ 아기 치즈 3장
- ☐ 라이스페이퍼 3장
- ☐ 달걀 1개
- ☐ 빵가루 약간
- ☐ 올리브유 약간

※ 3개

보관법

- 냉장 보관 3일

※ 전자레인지에 1분간 데워주세요.

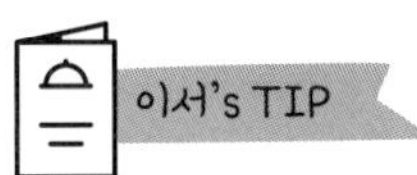

이서's TIP

달걀 없이 만들어도 괜찮습니다.

1 달걀은 풀어서 준비해주세요.

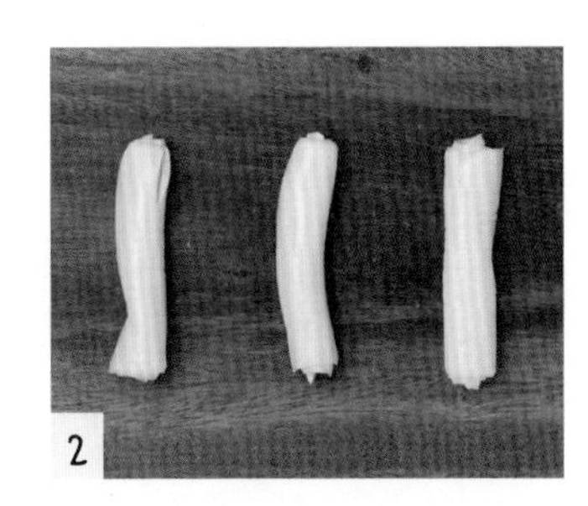

2 아기 치즈는 1장씩 돌돌 말아주세요.

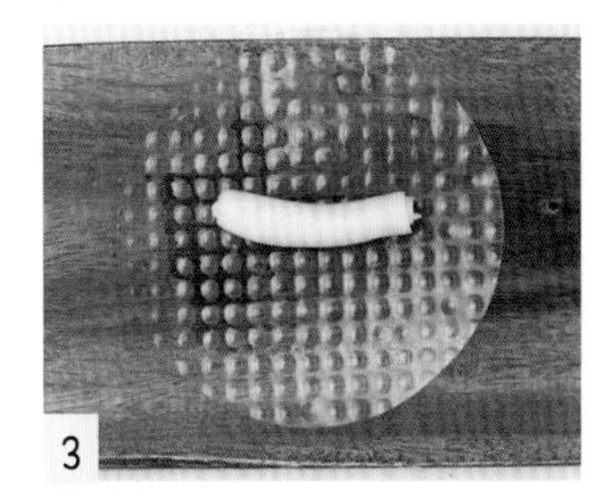

3 라이스페이퍼를 물에 담갔다 꺼낸 후 치즈를 1개씩 넣고 말아주세요.

4 달걀물, 빵가루 순으로 옷을 입혀주세요.

5 팬에 올리브유를 두르고 골고루 익혀주세요.

맛있어서 난리 나는 아기 간식

# 감자당근오트밀빵

감자와 당근, 오트밀가루로 쉽게 만드는 간식이에요.
너무 맛있어서 또 달라고 할 테니 여러 개
만들어놓으세요.

☐ 감자 1개(130g)
☐ 당근 30g
☐ 달걀 1개
☐ 오트밀가루 3T
☐ 버터 오일 약간

※ 3~4개

· 냉장 보관 7일
※ 전자레인지에 1분간 데워주세요.

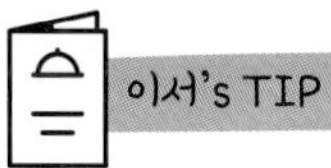


당근 대신 양파나 부추를 사용해도 좋아요. 아기 치즈를 추가해도 좋습니다.

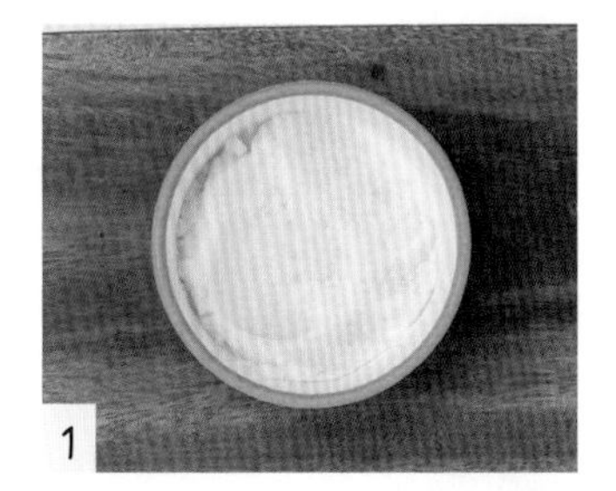

감자는 찌거나 삶아 으깨주세요.

감자는 크게 깍둑 썰어 전용 용기에 물 30ml와 함께 5분간 돌리면 됩니다.

당근은 칼이나 차퍼로 잘게 다져 준비해주세요.

볼에 감자, 당근, 달걀, 오트밀 가루를 넣고 반죽해주세요.

실리콘 머핀 틀에 버터 오일을 뿌린 후 반죽을 넣어주세요.

에어프라이어에 넣고 180℃로 10분간 돌려주세요.

오늘도 완밥!

# 스페셜 유아식

도둑이야! 밥 도둑!

# 아기두부장

달걀장만큼이나 맛있는 두부장 레시피로 밥 한 그릇 뚝딱 비울 수 있어요.

- ☐ 두부 ½모
- ☐ 쪽파 10g
- ☐ 양파 40g
- ☐ 아기 간장 40ml
- ☐ 알룰로스 20ml
- ☐ 물 150ml

※ 3~4회분

• 냉장 보관 7일

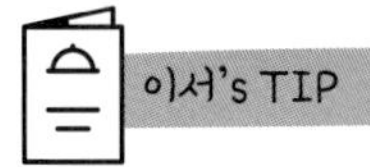


쪽파는 생략해도 좋습니다.

두부는 끓는 물에 3분간 데쳐서 준비해주세요.

쪽파, 양파는 작게 썰어서 준비해주세요.

팬에 쪽파, 양파를 넣고 물 30ml를 넣어 볶아주세요.

볶은 양파, 쪽파를 볼에 담고 간장 40ml, 알룰로스 20ml, 물 120ml를 넣어 양념장을 만들어 주세요.

(1)의 데친 두부를 썰어 반찬 통에 담고 양념장을 부어주세요.

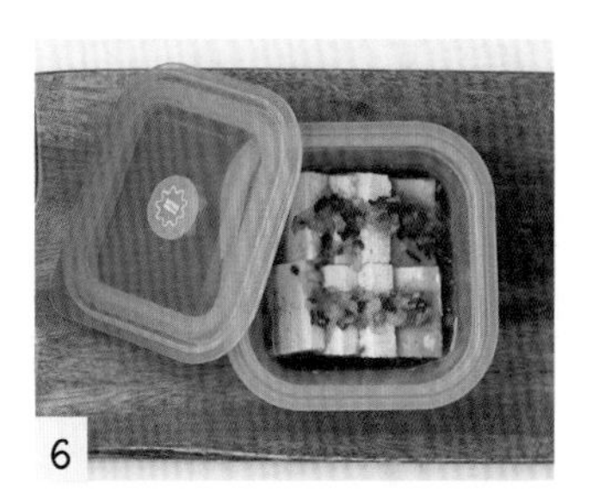


냉장고에 넣어 4~6시간 정도 숙성해 완성합니다.

쟁여놓고 먹이는 아기 반찬

# 미니떡갈비

더 달라고 난리 나니 많이 구워주세요!

### 재료

- ☐ 다진 돼지고기 150g
- ☐ 다진 소고기 150g
- ☐ 양파 50g
- ☐ 당근 20g
- ☐ 표고버섯 15g
- ☐ 다진 마늘 0.5T
- ☐ 아기 간장 2T
- ☐ 알룰로스 1.5T
- ☐ 참기름 1T
- ☐ 올리브유 약간

※ 15개

### 보관법

- 냉동 보관 2~3주

※ 팬에 올리브유를 둘러 구워주세요.

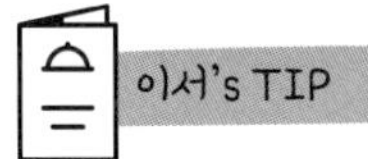

### 이서's TIP

반찬으로도 좋지만, 으깨서 볶음밥에 넣어 먹여도 좋아요. 파스타 소스에 넣으면 미트볼처럼 먹일 수도 있어요.

1 양파, 당근, 표고버섯은 잘게 다져 준비해주세요.

tip 표고버섯 대신 다른 버섯을 사용해도 좋습니다.

2 큰 볼에 다진 돼지고기와 소고기를 넣고 다진 채소를 모두 넣어 섞어주세요.

3 다진 마늘 0.5T, 아기 간장 2T, 알룰로스 1.5T, 참기름 1T으로 고기에 간을 해주세요.

4 재료를 잘 섞어 치대주세요.

5 고기 반죽을 20~25g씩 떼내 동글넓적하게 만들어주세요.

6 팬에 올리브유를 두른 후 당장 먹일 것만 올려 앞뒤로 중간 불에 타지 않게 익혀주세요.

7 나머지는 랩에 싸서 냉동 보관하세요.

덮밥, 반찬 모두 되는

# 메추리알장조림덮밥

반찬으로도, 덮밥으로도 잘 먹는 메뉴예요. 기본 메뉴라서 많이 만들어두면 유용해요.

재료

- ☐ 메추리알 1팩(270g)
- ☐ 물 350ml
- ☐ 양파 90g
- ☐ 아기 간장 4T
- ☐ 알룰로스 2T
- ☐ 올리브유 약간

※ 3~4회분

보관법

- 냉장 보관 2주

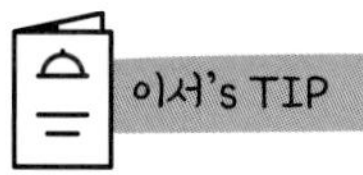

이서's TIP

밥 위에 메추리알 5~6개와 양파를 얹어 덮밥처럼 으깨서 줘도 아주 잘 먹어요.

1

양파는 얇게 채 썰어 준비해주세요.

2

메추리알은 흐르는 물에 한번 헹궈 준비해주세요.

3

팬에 올리브유를 두르고 채 썬 양파를 넣어 볶아주세요.

4

양파가 노란색으로 변할 때까지 타지 않게 잘 볶아주세요.

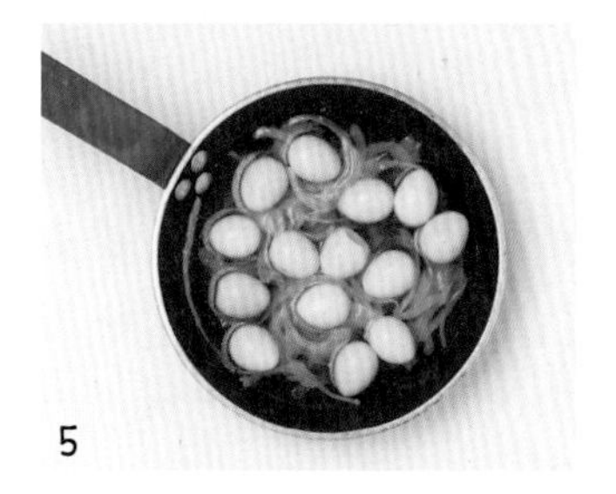

5

물 350ml를 넣고 메추리알을 넣어주세요.

6

아기 간장 4T, 알룰로스 2T을 넣은 다음 뚜껑을 닫고 조려주세요.

메추리알이 ⅓ 잠길 정도로 조려졌을 때 불을 꺼주세요.

채수 하나로 쉽게 만드는

# 무염아기찜닭

간을 하지 않아도 부드러워서 잘 먹는 레시피예요.

☐ 닭 봉 500g(1팩)
☐ 양파 90g
☐ 감자 70g
☐ 당근 30g
☐ 팽이버섯 50g
☐ 채수 500ml

※ 4회분

• 냉장 보관 10일

※ 전자레인지에 30초간 데워주세요.

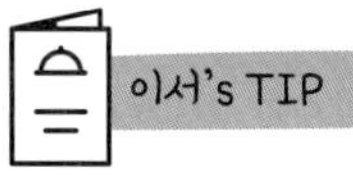


닭 봉 대신 닭 안심 또는 닭 다리(큰 사이즈)를 사용해도 좋습니다.

1

닭 봉은 두꺼운 껍질을 제거하고 끓는 물에 1분간 데친 다음 찬물에 헹궈 불순물을 제거해주세요.

2

양파, 감자, 당근, 팽이버섯은 아이가 잘 먹는 크기로 썰어 준비해주세요.

3

냄비에 손질한 닭과 감자, 양파, 당근, 버섯을 넣어주세요.

4

채수 500ml를 넣어 끓여주세요.

5

펄펄 끓으면 중간 불로 줄여 20분간 더 끓여주세요.

이렇게 만들기 쉽다고?

# 무염아기등갈비

채수와 등갈비만 있으면 끝나는 맛있는 무염 레시피예요. 너무 쉬우니 자주 만들어보세요.

☐ 돼지 등갈비 400g
☐ 양파 60g
☐ 당근 30g
☐ 채수 500ml

※ 4회분

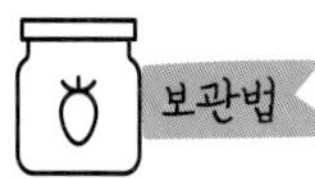


· 냉장 보관 10일
※ 전자레인지에 30초간 데워주세요.

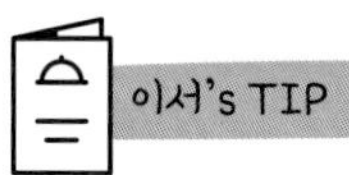


간이 필요한 경우 채수 대신 물 450ml에 간장 4T, 알룰로스 1T 정도로 간해주세요.

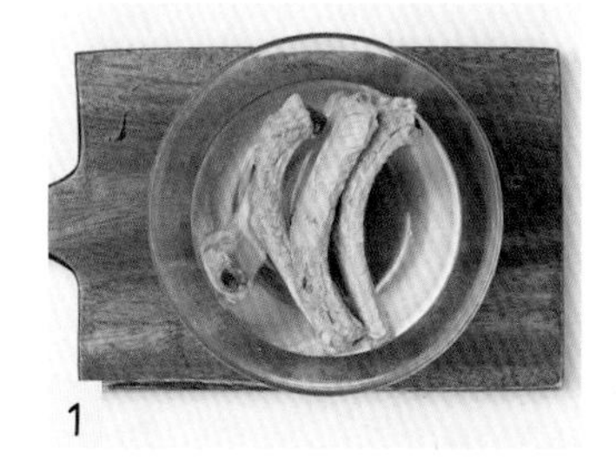
1
돼지 등갈비는 끓는 물에 3~4분 데친 후 찬물에 헹궈 불순물을 제거해주세요.

2
아이가 잘 뜯어먹을 수 있게 등갈비 한쪽에 일자로 칼집을 내주세요.

3
양파, 당근은 아이가 잘 먹는 크기로 깍둑 썰어 준비해주세요.

4
냄비에 손질한 돼지 등갈비와 양파, 당근을 넣어주세요.

5
채수 500ml를 넣고 끓여주세요.

6
펄펄 끓으면 중간 불로 줄여 20분간 더 끓여주세요.

두부로 만들어 부드러운

# 아기치즈돈가스

돼지고기 대신 두부로 담백함을 살린 레시피예요.
소스 필요 없이 돈가스만 먹어도 맛있어요.

- ☐ 두부 130g
- ☐ 다진 채소 30g
- ☐ 다진 돼지고기 80g
- ☐ 전분 2.5T
- ☐ 아기 치즈 1장
- ☐ 달걀 2개
- ☐ 부침가루 적당량
- ☐ 빵가루 적당량
- ☐ 올리브유 약간

※ 4개

- 냉동 보관 2주

※ 팬에 올리브유를 둘러 중간 불로 노릇하게 구워주세요.

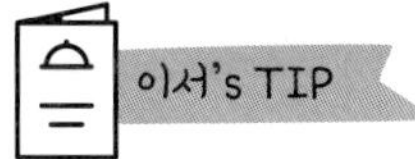


당근, 애호박, 양파, 대파 등 냉장고 속 아무 채소나 사용 가능합니다.

두부는 물기를 제거해서 준비해주세요.

달걀은 풀어서 준비해주세요.

볼에 두부, 다진 채소, 다진 돼지고기를 넣고 전분을 넣어 치대주세요.

아기 치즈를 4등분해주세요.

(3)의 돈가스 반죽도 4개로 만들어 반죽 속에 치즈를 하나씩 넣어주세요.

반죽을 동그랗고 넓적하게 만들어주세요.

부침가루, 달걀물, 빵가루 순으로 반죽에 옷을 입혀주세요.

바로 먹일 것은 팬에 올리브유를 둘러 중간 불에 노릇노릇 구워주세요.

나머지 반죽은 냉동실에 보관하세요.

부드러운 한입 간식

# 감자치즈크로켓

작게 만들면 자기 주도 핑거 푸드로 좋은 간식이에요. 반찬으로도 훌륭하죠.

- ☐ 감자 180g
- ☐ 쌀가루 60g
- ☐ 아기 치즈 1장
- ☐ 달걀 1개
- ☐ 식빵 1장

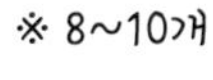
※ 8~10개

- 냉장 7일

※ 전자레인지에 1분간 데워주세요.

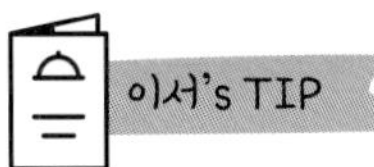


식빵 대신 '떡뻥'을 잘게 부숴 사용해도 좋습니다.

감자는 쪄서 준비하세요.

전용 용기에 깍둑 썬 감자와 물 30ml를 넣고 전자레인지에 6분간 찌세요.

익은 감자는 으깨고 아기 치즈를 섞어 녹여주세요.

(2)에 쌀가루 30g을 넣어 손에 묻어나지 않을 정도로 섞어 반죽해주세요.

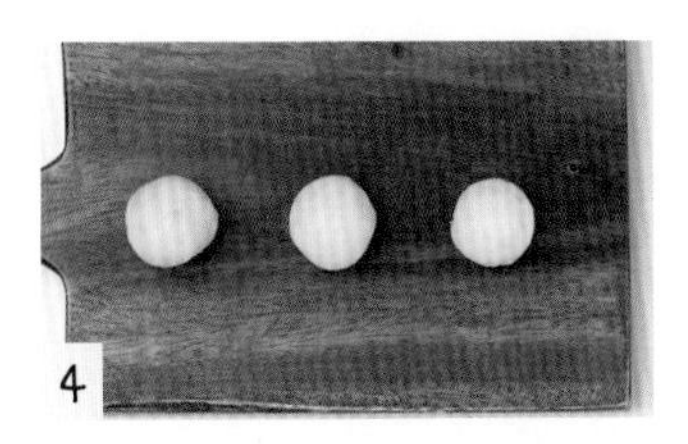


아이가 먹기 좋은 크기로 동그랗게 모양을 만들어주세요.

식빵을 믹서에 갈아 빵가루를 만들어주세요.

달걀을 풀어 달걀물을 준비해주세요.

쌀가루 30g, 달걀물, 빵가루 순으로 반죽 옷을 입혀주세요.

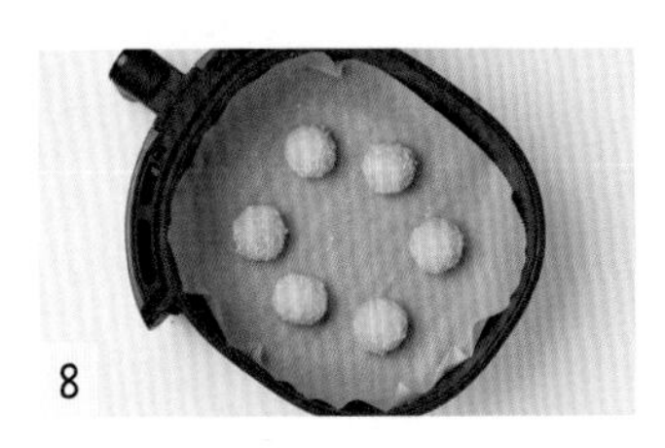


에어프라이어에 넣고 170℃로 15분간 돌려주세요.

엄마표 아기 치킨

# 버터갈릭닭봉

간단하고 실패 없는 레시피로 저염식을 시작한
아이에게 먹일 수 있어요.

☐ 닭 봉(윗날개) 6개
☐ 버터 오일 약간
☐ 아기 간장 1T
☐ 알룰로스 1T
☐ 다진 마늘 0.3T(선택)
☐ 우유 적당량

※ 6개

· 냉장 7일
※ 전자레인지에 1분간 데워주세요.

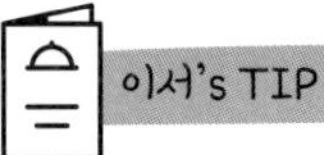


닭봉 대신 닭 안심이나 닭 가슴살을 사용해도 좋습니다.

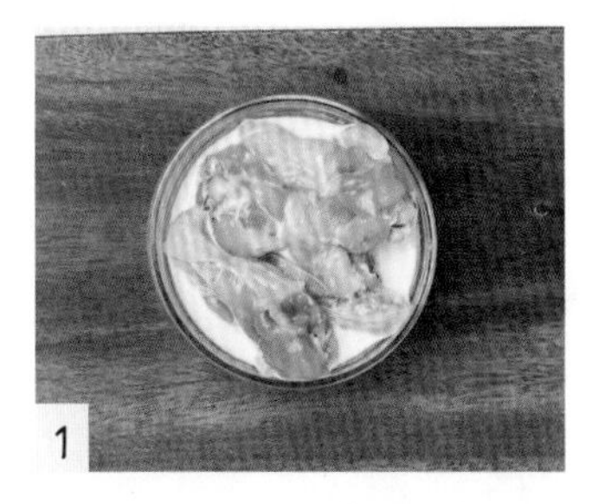
1

닭 봉은 두꺼운 껍데기 부분을 가위로 잘라내고 우유에 30분 담가 잡내를 제거해주세요.

2

흐르는 물에 우유를 씻어낸 다음 키친타월로 물기를 제거해주세요.

3

닭 봉에 칼집을 낸 후 버터 오일을 뿌려주세요.

버터 오일이 없는 경우 버터 20g을 전자레인지에 녹여 사용하세요.

4

아기 간장 1T, 알룰로스 1T, 기호에 따라 다진 마늘을 섞어 소스를 만든 후 닭 봉 앞뒤에 발라주세요. 그런 다음 에어프라이어에 넣고 160℃로 15분간 돌려주세요.

물 없이 수육 만들기

# 밥솥아기수육

불을 사용하지 않고 밥솥으로 뚝딱 만드는 아기 수육 레시피예요.

- ☐ 삼겹살(또는 앞다리 살) 300g
- ☐ 양파 200g
- ☐ 사과 ½개
- ☐ 아기 된장 1T
- ☐ 대파 5대(초록 부분만)

※ 5회분

- 냉장 7일

※ 전자레인지에 1~2분간 데워주세요.

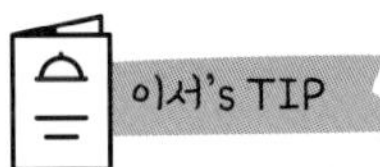


반찬으로 주다가 남으면 잘게 잘라 볶음밥을 만들어줘도 잘 먹어요.

1 사과, 양파는 껍질을 제거한 후 크게 깍둑 썰어 준비해주세요.

2 대파는 듬성듬성 썰어 준비해주세요.

3 삼겹살에 아기 된장 1T을 앞뒤, 양옆으로 골고루 발라주세요.

4 밥솥에 양파 먼저 깔아준 후 삼겹살, 사과, 대파 순으로 얹어주세요.

5 전기밥솥에 넣고 찜 모드로 40분간 돌려주세요.

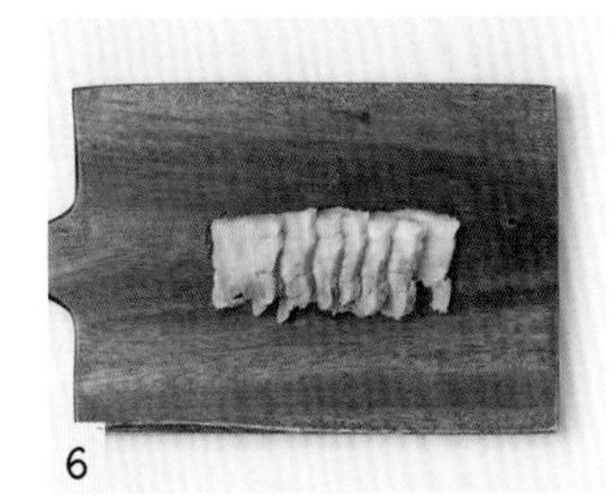

6 고기만 건지고 한 김 식힌 후 먹기 좋게 잘라주세요.

빨갛지만 하나도 안 맵다!

# 안매운닭볶음탕

고추장 대신 파프리카장으로 만든 닭볶음탕으로
맵지 않고 맛있어요.

- ☐ 닭 안심 또는 닭 가슴살 300g
- ☐ 양파 40g / 감자 30g / 당근 20g
- ☐ 물 400ml
- ☐ 파프리카장 1.5T
- ☐ 아기 간장 1.5T
- ☐ 쌀조청 2T

※ 5회분

- 냉장 7일

※ 전자레인지에 1~2분간 데워주세요.

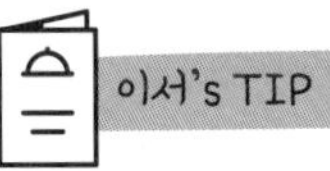


닭은 어떤 부위를 사용해도 괜찮아요.

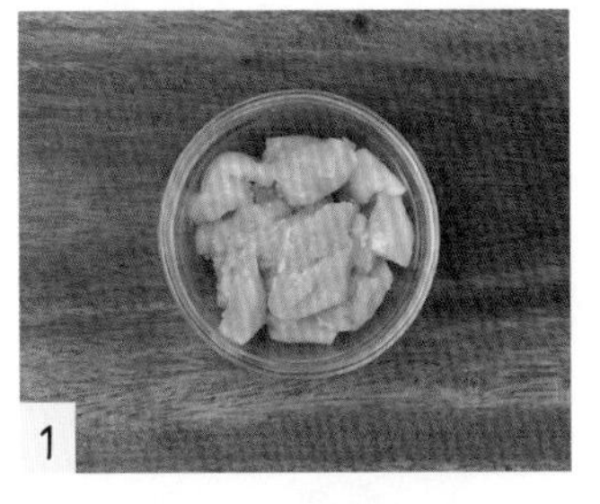
1

닭 안심은 힘줄을 잘라내고 듬성듬성 썰어 준비해주세요.

2

냄비에 물을 끓인 후 닭 안심을 넣고 3분간 데쳐 준비해주세요.

3

양파, 감자, 당근도 아이가 잘 먹는 크기로 깍둑 썰어 준비합니다.

4

냄비에 닭 안심, 양파, 감자, 당근, 물 400ml를 넣은 후 끓여주세요.

5

팔팔 끓으면 파프리카장 1.5T, 아기 간장 1.5T, 쌀조청 2T을 넣어 풀어주세요.

6

중간 불로 줄여 졸여주세요.

부드럽고 맛있어서 잘 먹는

# 닭고기크림스테이크

간하지 않는 무염 레시피라 아이들도 맛있게 먹을 수 있어요.

☐ 닭 안심 150g
☐ 다진 채소 50g
☐ 우유 200ml
☐ 무염 버터 15g
☐ 아기 치즈 1장
☐ 올리브유 약간

※ 2회분

- 냉장 7일

※ 전자레인지에 1~2분간 데워주세요.

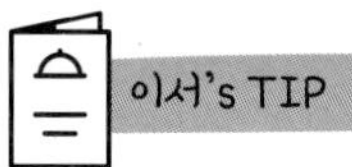

닭 안심 대신 닭 가슴살을 사용해도 좋습니다.
당근, 애호박, 양파, 대파 등 냉장고 속 아무 채소나 사용 가능합니다.

1

닭 안심은 힘줄과 근막을 제거해 준비해주세요.

2

팬에 올리브유를 두르고 닭 안심을 앞뒤로 구워주세요.

3

팬에 무염 버터를 녹이고 다진 채소를 넣어 볶아주세요.

4

채소가 어느 정도 익으면 우유 200ml를 넣고 아기 치즈를 넣어 졸여주세요.

5

(2)의 구워둔 닭 안심에 (4)의 크림소스를 부어 완성합니다.

밥 도둑 2탄

# 소고기장조림

반찬으로도 덮밥으로도 잘 어울리는
고기반찬이에요.

- ☐ 홍두깨살 250g
- ☐ 대파 1대
- ☐ 채수 400ml
- ☐ 양파 150g
- ☐ 아기 간장 3T
- ☐ 쌀조청 2T

※ 4~5회분

- 냉장 10일

※ 전자레인지에 1분간 데우거나 그대로 꺼내 드세요.

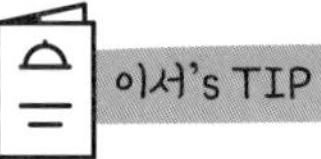


양념을 넣어 조릴 때 다진 양파, 당근 등 채소를 추가해도 좋습니다.

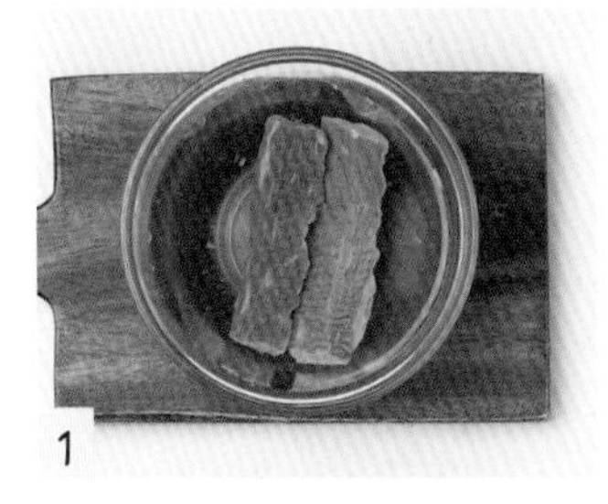


홍두깨살은 찬물에 담가 1시간 정도 핏물을 빼주세요.

냄비에 물을 붓고 끓여 홍두깨살과 대파, 양파를 넣은 후 15~20분간 삶아주세요.

홍두깨살만 건져내 얇게 찢어 주세요.

다른 냄비에 얇게 찢은 홍두깨살, 채수 400ml, 아기 간장 3T, 쌀조청 2T을 넣고 끓여주세요.

팔팔 끓으면 중약불로 낮춰 조려주세요.

탱글탱글 식감 최고, 활용도 최고

# 오징어볼

잘게 다져서 만들면 탱글탱글 맛있는 식감으로 아이들이 너무 잘 먹어요.

- ☐ 오징어 100g(몸통만)
- ☐ 양파 50g
- ☐ 애호박 30g
- ☐ 전분 1T
- ☐ 올리브유 약간

※ 2~3회분

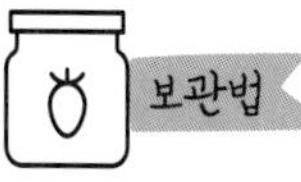


- 냉동 보관 2주

※ 전자레인지에 1분간 데워주세요.

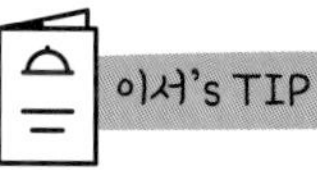


당근, 버섯 등을 추가해도 좋습니다.

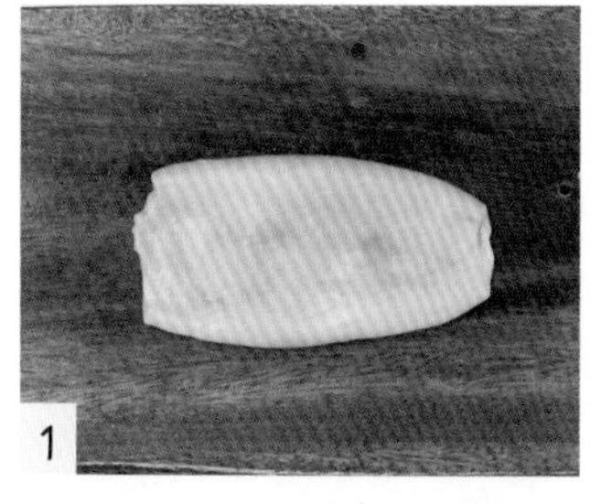


오징어는 몸통만 칼로 껍질을 밀어서 준비해주세요.

양파, 애호박은 잘게 다져 준비해주세요.

오징어도 차퍼에 잘게 다져 준비해주세요.

볼에 다진 오징어와 다진 채소를 담고 전분을 넣은 후 섞어주세요.

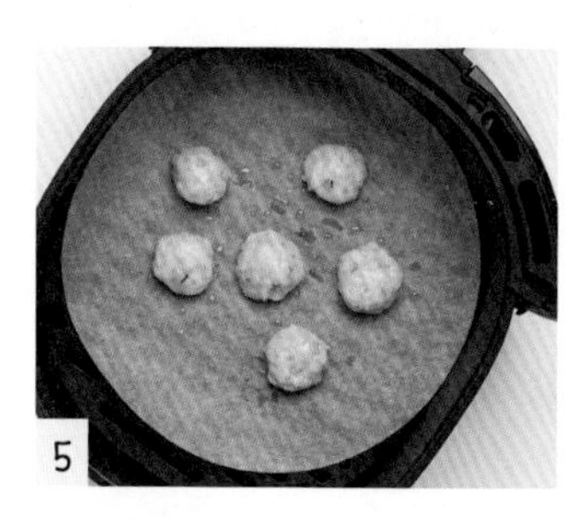


동글동글 한입 크기로 빚은 다음 에어프라이어 용기에 옮겨주세요.

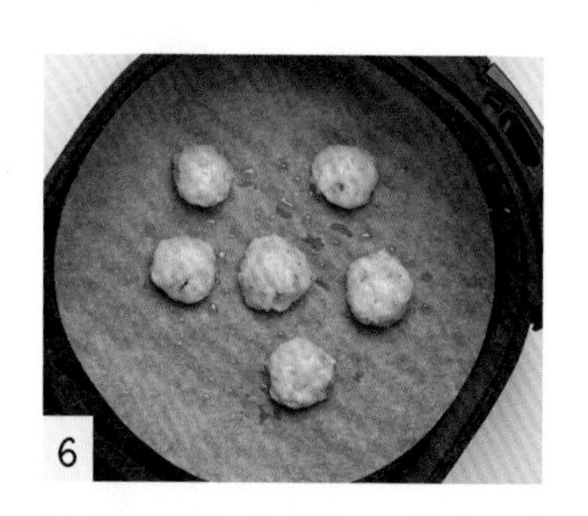


올리브유를 발라주고 에어프라이어에서 160℃로 15분간 돌려주세요.

국에 넣어 먹을 용도로는 에어프라이어에 5분만 조리해 냉동했다가 국 조리 시 함께 더 익히면 됩니다.

엄마가 만들어주는 특식

# 엄마표햄버그스테이크 & 토마토소스

밖에서 사 먹는 것보다 맛있어서 잘 먹는 미니 햄버그스테이크 레시피를 소개할게요.

**햄버그스테이크**

- ☐ 다진 소고기 100g
- ☐ 다진 채소 50g
- ☐ 아기 치즈 1장
- ☐ 아기 간장 1T
- ☐ 쌀조청 1T
- ☐ 올리브유 약간

**토마토소스**

- ☐ 토마토 2개
- ☐ 다진 채소 50g
- ☐ 다진 소고기 50g
- ☐ 무염 버터 20g
- ☐ 채수 100ml

※ 3~4회분

- <햄버그스테이크> 냉동 보관 2주
  ※ 전자레인지에 3분 돌리거나 팬에 데워주세요.
- <토마토소스> 냉동 보관 2~3주
  ※ 전자레인지에 1~2분간 데워주세요.

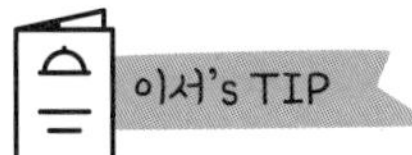


토마토소스는 햄버그스테이크뿐만 아니라 파스타 면이나 밥을 넣어 덮밥 또는 파스타로 만들어도 맛있게 잘 먹는 소스입니다.

## 햄버그스테이크

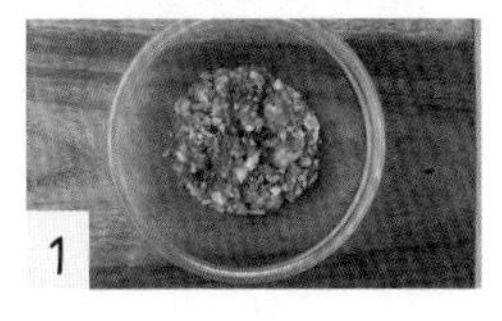


볼에 다진 소고기, 다진 채소를 넣은 후 섞어주세요.

아기 간장 1T, 쌀조청 1T을 넣어 섞은 후 잘 치대주세요.

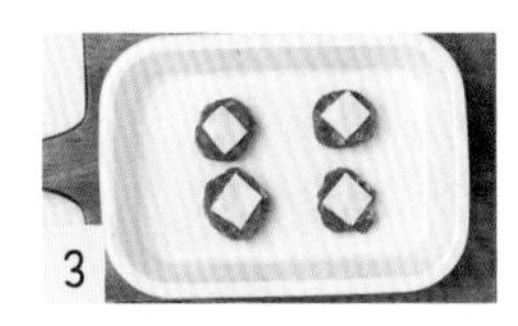


완성한 소고기 반죽은 4등분한 후 동그랗게 모양을 잡아 아기 치즈를 ¼장씩 넣어주세요.

둥글넓적하게 만든 다음 팬에 올리브유를 약간 둘러 앞뒤로 구워주세요.

## 토마토소스

토마토는 꼭지와 심지를 제거한 후 아랫부분에 십자로 칼집을 내주세요.

냄비에 토마토를 넣고 3분 정도 끓인 후 꺼내 껍질을 벗기고 으깨거나 다져 준비해주세요.

팬에 무염 버터를 넣어 녹여주세요.

다진 채소를 볶다가 다 익어갈 때쯤 소고기도 넣어 볶아주세요.

미리 익혀 다져둔 토마토를 넣고 채수 100ml를 넣어 졸여주세요.

햄버그스테이크 위에 완성된 토마토소스를 부어주세요.

누구나 쉽게 만드는

# 돼지고기육전

소고기로 만들어도 맛있지만 이서 픽은 돼지고기!

☐ 돼지고기 등심(육전용) 100g
☐ 달걀 1개
☐ 시금치 50g
☐ 전분 약간
☐ 올리브유 약간

※ 3회분

• 냉장 보관 7일

※ 전자레인지에 1분간 데우거나 그대로 꺼내 드세요.

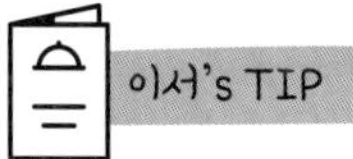


돼지고기 등심은 얇은 고기로 구입해 준비해주세요.

1 시금치는 깨끗이 씻어 줄기 부분을 제거해주세요.

2 끓는 물에 1분간 데친 후 다져서 준비해주세요.

3 달걀을 풀어 다진 시금치에 넣어 섞어주세요.

4 돼지고기에 전분, 달걀시금치물 순서로 옷을 입혀주세요.

5 팬에 올리브유를 둘러 앞뒤로 잘 구워 완성하세요.

밥솥으로 만드는 초간단

# 밥솥장조림(무염 버전 / 저염 버전)

전기밥솥으로 만들 수 있는 초간단 레시피예요. 불 앞에 서기 싫은 더운 여름에 활용해보세요.

☐ 돼지고기 안심 400g
☐ 양파 100g
☐ 대파 50g
☐ 메추리알 50g
☐ 아기 간장 3T
☐ 쌀조청 1T
☐ 물 적당량

※ 6회분

• 냉장 보관 2주

※ 전자레인지에 1분간 데우거나 그대로 꺼내 드세요.

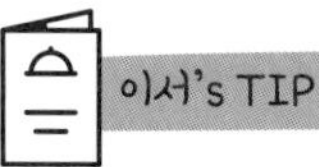


팬에 버터를 녹인 후 스크럼블드에그를 해주고 밥 위에 스크럼블드에그, 장조림 순으로 올려 덮밥으로 줘도 너무 잘 먹으니 꼭 한번 만들어보세요.

돼지고기는 듬성듬성 잘라 준비하고 양파, 대파는 모두 깨끗이 씻은 후 크게 썰어 준비해주세요.

밥솥에 돼지고기, 양파, 대파 순으로 넣어주세요.

재료가 모두 잠길 만큼 물을 넣고 아기 간장 3T, 쌀조청 1T을 넣어주세요.

밥솥에 넣고 만능찜 모드로 30분 돌려주세요.

밥솥을 열어 양파, 대파를 꺼내주세요.

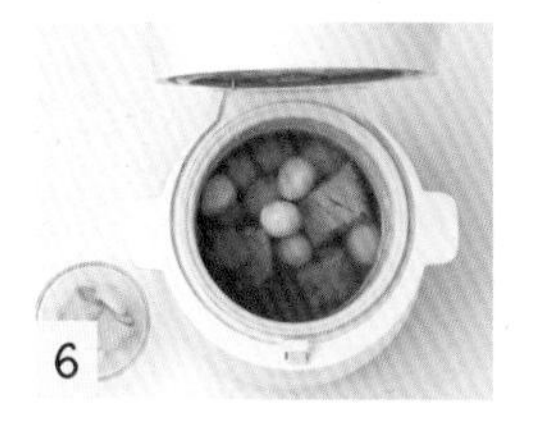


메추리알을 넣고 만능찜 모드로 20분간 더 돌려주세요.

고기만 먼저 건져낸 후 아이가 잘 먹는 크기로 찢어주세요.

밥솥에 고인 육수도 장조림에 함께 넣어주세요.

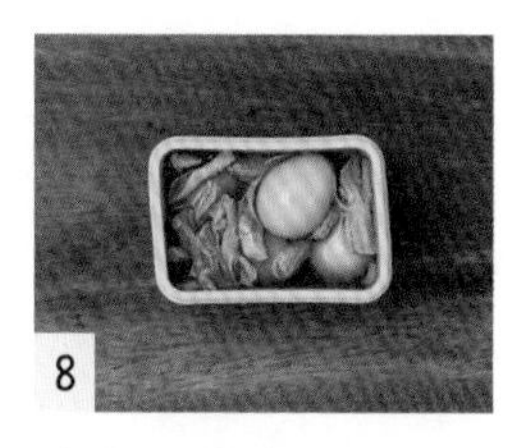


반찬 용기에 고기와 메추리알, 육수를 함께 넣어주세요.

※ 무염 버전: 물 대신 채수를 사용하고 아기 간장과 쌀조청은 생략하세요.

평범한 생선구이가 아니다!

# 고등어카레구이

카레를 좋아하지 않는 친구들도 아주 잘 먹는 레시피라 강력 추천해요.

☐ 냉동 순살 고등어 80g
☐ 달걀 1개
☐ 부침가루 적당량
☐ 카레가루 적당량
☐ 올리브유 약간

※ 2회분

• 냉장 보관 3일

※ 전자레인지에 1분간 돌리거나 팬에 데우세요.

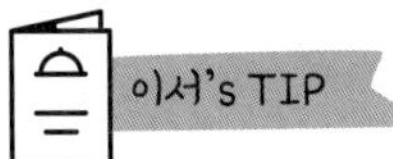


순살 고등어 1덩이만 사용해 1회분만 만들어도 됩니다.

1

순살 고등어는 실온이나 냉장실에서 해동한 후 2등분해 준비해주세요.

2

달걀은 풀어서 준비해주세요.

3

순살 고등어에 부침가루, 달걀물, 카레가루 순으로 옷을 입혀주세요.

4

팬에 올리브유를 두른 후 (3)을 앞뒤로 익혀주세요.

집에서 만드는 초간단

# 언양불고기

맛있는 소불고깃거리와 기본 양념만 있으면 누구나 만들 수 있어요.

- □ 소고기(불고기용) 300g
- □ 다진 마늘 0.5T
- □ 아기 간장 2.5T
- □ 배도라지청 1T
- □ 참기름 1T
- □ 통깨 약간
- □ 올리브유 약간

※ 4~5회분

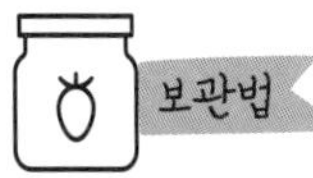


- 냉장 보관 7일

※ 전자레인지에 1분간 돌리거나 팬에 데우세요.

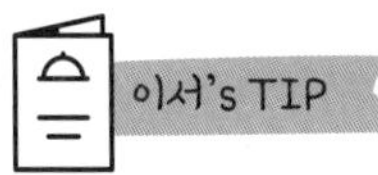


배도라지청이 없으면 쌀조청이나 알룰로스 등으로 대체하세요.

1 소고기는 키친타월로 핏기를 제거하고 칼이나 차퍼로 다져서 준비해주세요.

2 볼에 소고기를 담아 다진 마늘, 아기 간장 2.5T, 배도라지청 1T, 참기름 1T을 넣어주세요.

3 양념이 잘 배도록 섞은 후 주먹으로 치대주세요.

4 1덩이씩 꺼내 종이 포일 위에 얇고 넓게 펴주세요.

5 팬에 올리브유를 둘러준 다음 종이 포일을 뒤집어 고기를 올려주세요.

6 뒤집개로 꾹꾹 눌러가며 앞뒤로 바짝 익혀주세요.

7 통깨를 약간 뿌려 마무리하세요.

새콤달콤 맛있는 유아식

# 촙스테이크

먹태기가 와도 무사히 넘어가게 해줄 맛있는 소고기 레시피예요.

- ☐ 소고기 등심 200g
- ☐ 사과 퓌레 100g
- ☐ 무염 버터 20g
- ☐ 양파 60g
- ☐ 당근 30g
- ☐ 애호박 30g
- ☐ 아기 간장 2T
- ☐ 올리브유 약간
- ☐ 물 20ml

※ 4~5회분

· 냉장 보관 10일

※ 전자레인지에 1분간 돌리거나 팬에 데우세요.

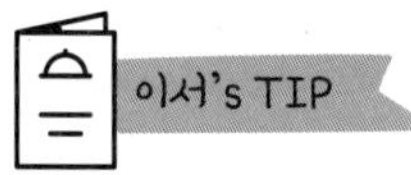


남은 양념에 밥, 참기름을 조금 넣어 볶아줘도 너무 잘 먹어요.

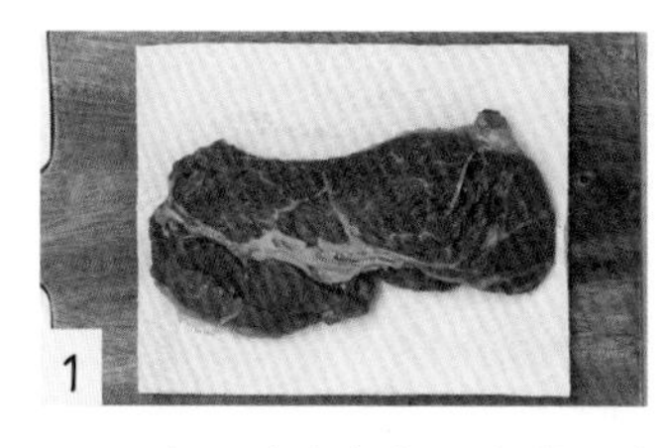


소고기는 키친타월로 핏기를 닦아 준비해주세요.

소고기와 채소 모두 아이가 잘 먹는 크기로 깍둑 썰어 준비해주세요.

팬에 올리브유를 둘러 소고기를 볶아주세요.

소고기가 80% 정도 익었을 때 건져내주세요.

소고기를 볶았던 팬에 채소와 물 20ml를 넣고 볶아주세요.

물이 모두 졸아들 때쯤 무염 버터, 사과 퓌레, 아기 간장 2T을 넣어 섞어주세요.

(4)의 익혀둔 소고기를 넣고 양념이 잘 배도록 섞은 후 조려주세요.

파는 것보다 맛있는 엄마표

# 치킨텐더

한번 만들어두면 한 달은 든든한 냉동 반찬이에요.
바쁠 때 활용하면 아주 좋아요.

- ☐ 닭 안심 500g
- ☐ 달걀 2~3개
- ☐ 쌀튀김가루 약간
- ☐ 빵가루 약간
- ☐ 카레가루 약간
- ☐ 올리브유 적당량

※ 15~18개분

- 냉동 보관 2~4주

※ 팬에 올리브유를 둘러 4~5분간 익혀주세요.

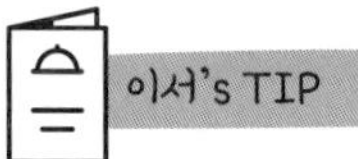


튀김옷에 카레가루는 꼭 넣어주세요.

닭 안심은 포크로 힘줄을 제거해주세요.

달걀은 풀어서 준비해주세요.

빵가루 4, 카레가루 1 비율로 섞어 튀김옷을 준비해주세요.

닭 안심에 쌀튀김가루, 달걀물, (3)의 빵가루 순으로 묻혀주세요.

팬에 올리브유를 넉넉히 둘러 예열한 후 4~5분 정도 앞뒤로 익혀주세요.

tip 당장 먹을 것만 팬에 익히고 나머지는 서로 붙지 않게 밀폐 용기에 담아 냉동 보관하세요.

이렇게 쉬운 돈가스 본 적 있나요?

# 돼지고기치즈가스

돌돌돌 말아 작은 크기로 쉽게 만드는 돈가스
레시피예요.

재료

☐ 돼지고기 목살 80g(6개 기준)

※ 돼지고기 목살은 얇은 것으로 준비해주세요.

☐ 스트링 치즈 3개

☐ 빵가루 약간

☐ 튀김가루 약간

☐ 올리브유 적당량

※ 6개

보관법

- 냉장 보관 7일

※ 전자레인지에 1분간 돌리거나 팬에 데우세요.

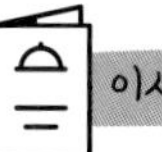

이서's TIP

스트링 치즈 대신 목살 1줄당 아기 치즈 ½장을 넣어 돌돌 말아도 좋습니다.

1

목살 겉면에 튀김가루를 묻혀주세요.

2

스트링 치즈를 목살 길이에 맞춰 잘라주세요.

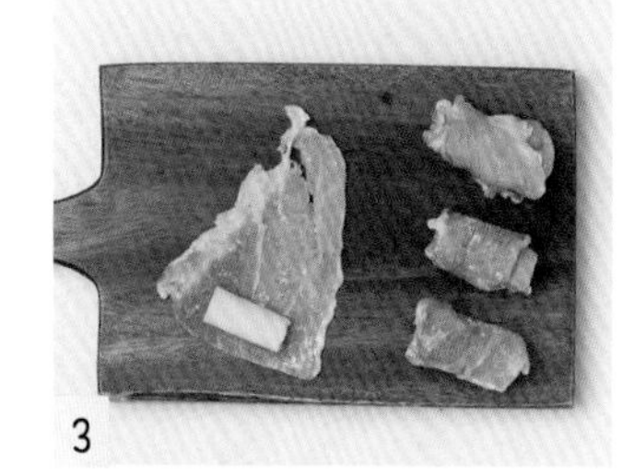

3

목살에 스트링 치즈를 넣어 김밥처럼 돌돌 말아주세요.

tip 치즈가 튀어나오지 않게 옆부분도 말아 넣어주세요.

4

겉에 빵가루를 입혀주세요.

5

팬에 올리브유를 넉넉히 둘러 예열한 후 앞뒤로 잘 익혀주세요.

간하지 않아도 맛있는

# 무염아기닭곰탕(냄비 버전 / 밥솥 버전)

냄비 또는 전기밥솥으로 만드는 든든한 국. 간단하게 만들어 뜨끈하게 즐기세요.

☐ 닭다리 500g
☐ 양파 200g(1개)
☐ 대파 2대
☐ 물 900ml

※ 5~7회분

• 냉동 보관 2~3주

※ 그대로 냄비에 데우거나
전제레인지에 3~4분간 돌리세요.

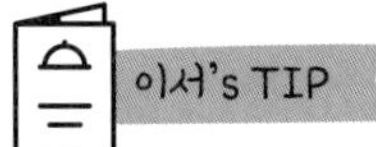


물 대신 채수를 사용하거나
닭곰탕에 소금 간을 약간 하면 더
맛있게 먹을 수 있습니다.

1

닭 다리는 껍질을 제거한 후 끓는 물에 1~2분간 데쳐주세요.

2

데친 닭 다리를 꺼내 찬물에 헹궈 준비해주세요.

3

양파는 크게 깍둑 썰고 대파는 듬성듬성 썰어 준비해주세요.

4

밥솥에 손질한 닭 다리와 대파, 양파, 물 900ml를 넣고 만능찜 모드로 20분간 돌려주세요.

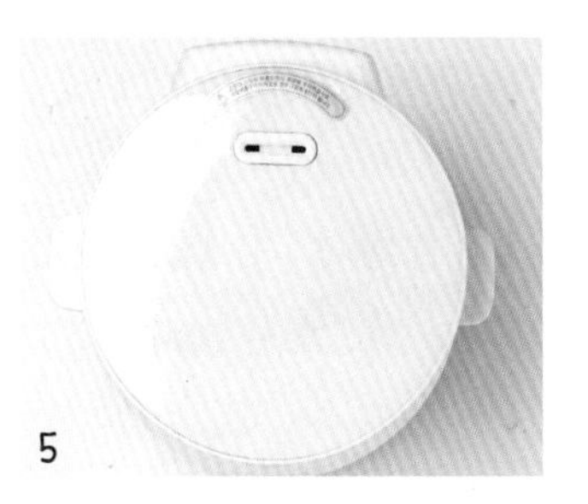
5

증기 배출 물통(밥솥 뒤 물통)에 고인 물을 버린 후 다시 만능찜 모드로 20분간 돌려주세요.

밥솥 안 냄비 물이 아닌 밥솥 뒤 물통에 증기가 배출되어 고인 물을 비워주세요.

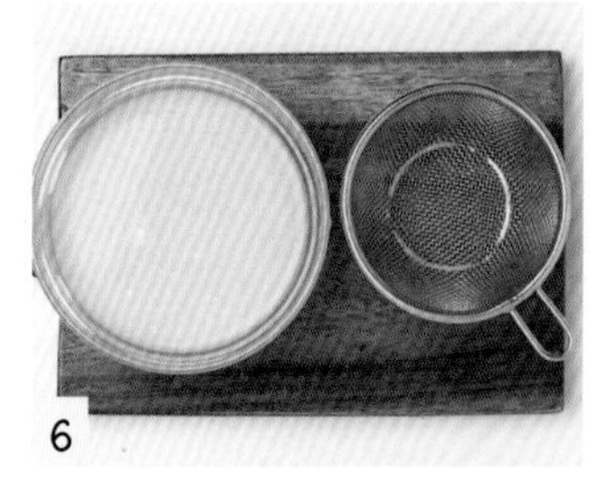

6

닭 다리를 꺼내고 육수는 체에 한번 걸러주세요.

대파, 양파는 버리고 고운 국물만 남게 해주세요.

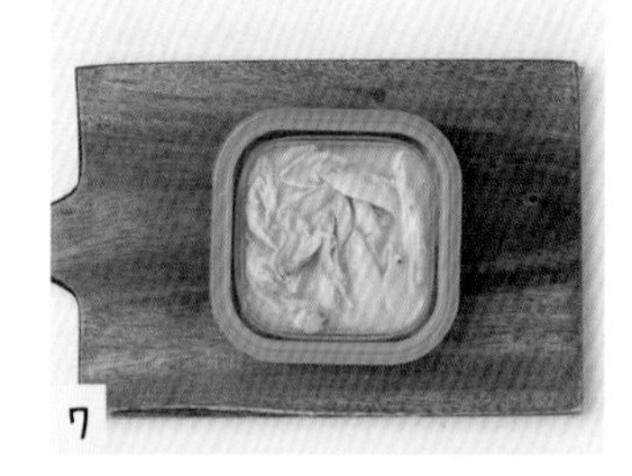

7

닭 다리는 한 번 먹일 양만큼만 꺼내고 나머지는 살을 발라 1인분씩 소분해서 국물과 함께 담아 냉동 보관하세요.

### 냄비 버전

1

닭 다리는 껍질을 제거한 후 끓는 물에 1~2분간 데쳐주세요.

2

데친 닭 다리를 꺼내 찬물에 헹궈 준비해주세요.

3

양파는 크게 깍둑 썰고 대파는 듬성듬성 썰어 준비해주세요.

4

냄비에 손질한 닭 다리와 대파, 양파, 물 900ml를 넣고 끓이다 팔팔 끓으면 중간 불로 줄여 20분간 졸이세요.

5

대파, 양파를 건져내고 약한 불로 20분간 더 끓여주세요.

6

닭 다리와 육수를 분리해주세요.

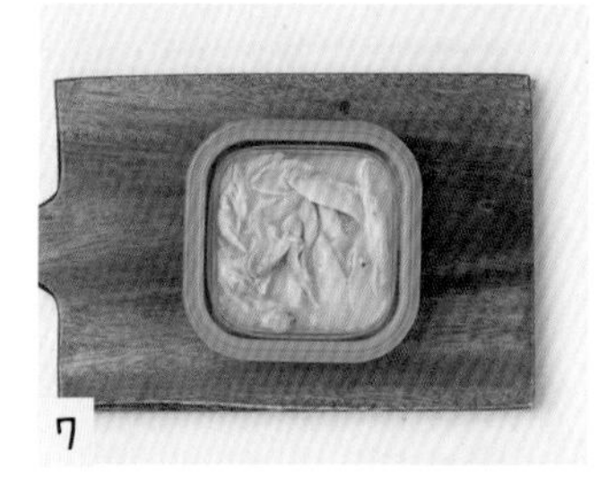

7

닭 다리는 한 번 먹일 양만큼만 꺼내 담아주고 나머지는 살을 발라준 다음 1인분씩 소분해서 국물과 함께 담아 냉동 보관하세요.

엄마, 새해에는 제 떡국도 부탁해요

# 조랭이떡국

집에 있는 재료로 맛있게 만드는 조랭이떡국. 이제 어른뿐 아니라 아기와 함께 떡국을 먹어보세요.

재료

- ☐ 조랭이떡 70g
- ☐ 올리브유 약간
- ☐ 애호박 30g
- ☐ 당근 20g
- ☐ 표고버섯 10g
- ☐ 물 400ml
- ☐ 달걀 1개
- ☐ 국물 팩 1개

※ 1회분

보관법

- 냉동 보관 2주

※ 그대로 냄비에 데우거나 전자레인지에 3~4분간 돌려주세요.

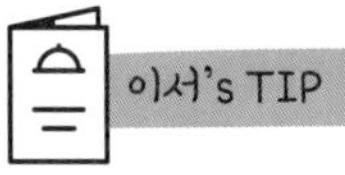

이서's TIP

시판 아기 만두나 굴림 만두를 넣어 끓여도 좋습니다.

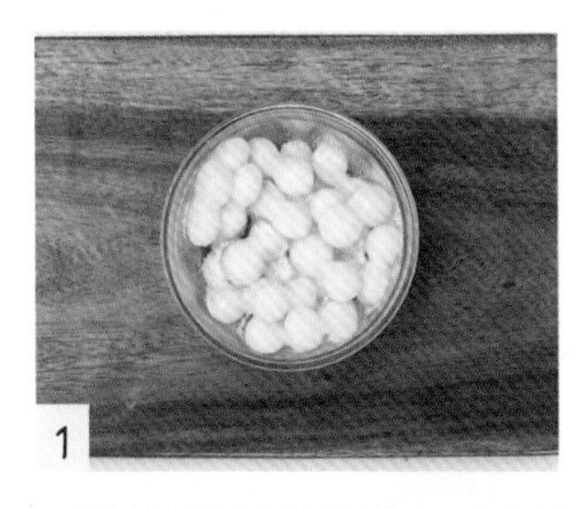

1 조랭이떡은 찬물에 불려 준비해주세요.

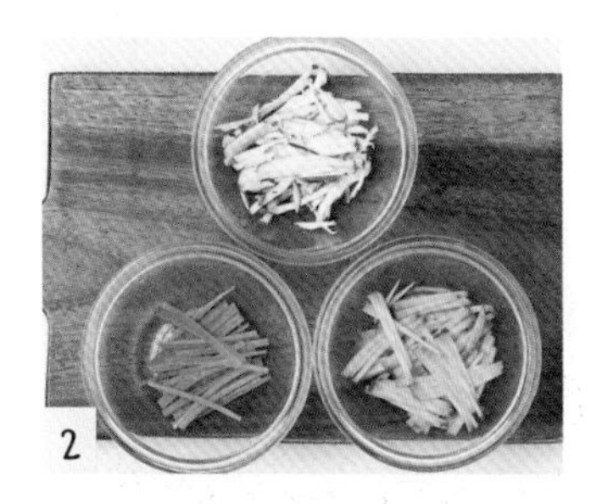

2 애호박, 당근, 표고버섯은 얇게 채 썰어 준비해주세요.

3 팬에 올리브유를 둘러 애호박, 당근, 표고버섯을 넣고 볶아 고명을 만들어주세요.

4 냄비에 물 400ml를 붓고 끓인 후 국물 팩을 넣어 5분간 우려주세요.

5 (1)의 불려둔 조랭이떡을 넣고 떡이 익어갈 때쯤 달걀을 풀어 넣어주세요.

6 그릇에 떡국을 옮겨 담고 애호박, 당근, 표고버섯 고명을 올려주세요.

아기 김을 조금 잘라 올려주어도 좋습니다.

기본 중의 기본 유아식

# 미역국

유아식을 처음 시작할 때부터 네 살이 된 지금까지
늘 잘 먹는 베스트 기본 국이에요.

재료

- ☐ 아기 미역 1줌
- ☐ 다진 소고기(안심) 100g
- ☐ 멸치 국물 팩 1개
- ☐ 물 500ml
- ☐ 참기름 1T
- ☐ 아기 간장 1T
- ☐ 다진 마늘 0.5T

※ 3~4회분

보관법

- 냉동 보관 2주

※ 그대로 냄비에 데우거나 전자레인지에 3~4분간 돌려주세요.

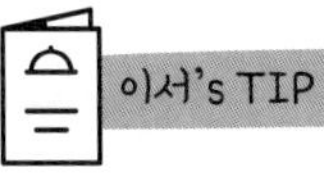

이서's TIP

간이 부족하면 소금을 약간 추가해도 좋습니다.

1 미역은 찬물에 불린 후 물기를 제거해 준비해주세요.

2 냄비에 물 500ml를 부어 끓이고 국물 팩을 넣어 10분간 우려주세요.

3 다른 냄비에 참기름 1T을 두르고 소고기 안심을 넣어 볶아주세요.

4 반 정도 익었을 때 미역을 넣고 함께 볶아주세요.

5 볶은 미역과 소고기에 (2)의 물을 넣고 팔팔 끓여주세요.

6 팔팔 끓기 시작하면 아기 간장 1T, 다진 마늘을 넣고 중약불로 낮춰 푹 끓여주세요.

아기도 먹는 빨간 메뉴

# 하나도안매운탕

파프리카장으로 전혀 맵지 않은 빨간 매운탕을 끓일 수 있어요.

☐ 멸치 국물 팩 1개
☐ 물 500ml
☐ 순살 가자미 100g
☐ 양파 50g / 대파 30g / 감자 30g
☐ 파프리카장 1T(수북이)
☐ 아기 된장 0.5T

※ 4~5회분

· 냉동 보관 2주

※ 그대로 냄비에 데우거나
전자레인지에 3~4분간 돌리세요.

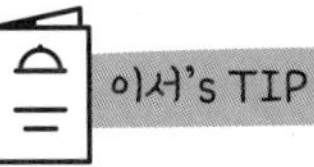


두부를 추가해도 좋습니다.

1

양파, 감자는 아이가 잘 먹는 크기로 깍둑 썰어 준비해주세요.

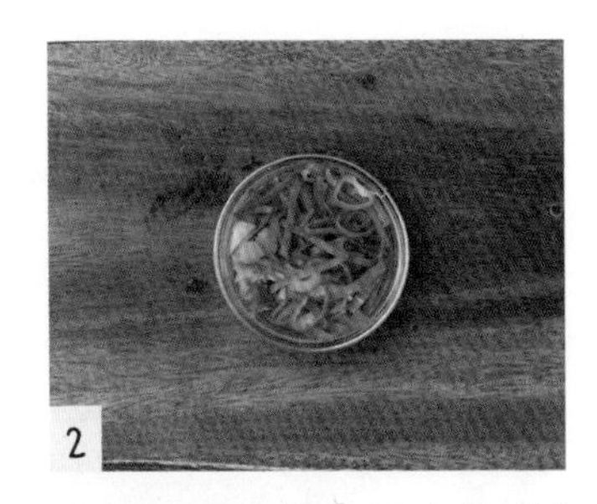
2

대파는 얇게 송송 썰어 준비해주세요.

3

냄비에 물 500ml와 멸치 국물 팩을 넣고 끓여 10분간 우려주세요.

4

멸치 국물 팩을 건져내고 파프리카장 1T(수북이), 아기 된장 0.5T을 넣어주세요.

5

순살 가자미를 넣고 양파, 대파, 감자를 넣어 푹 끓여주세요.

6

감자가 모두 익었는지 확인하고 불을 꺼주세요.

전기밥솥으로 만드는 초간단 한 그릇 밥 ❶탄

# 표고버섯밥

진하고 촉촉해서 더 맛있는 버섯밥 레시피예요. 쌀과 물 비율을 잘 맞춰 만들어보세요.

재료

☐ 쌀 2컵
☐ 물 2컵
☐ 국물 팩 1개
☐ 표고버섯 6개
☐ 당근 50g
☐ 아기 간장 1T
☐ 참기름 4T

※ 4회분

· 냉동 보관 2주

※ 그대로 냄비에 데우거나 전자레인지에 3~4분간 돌린 후 참기름 1T을 넣어 비벼주세요.

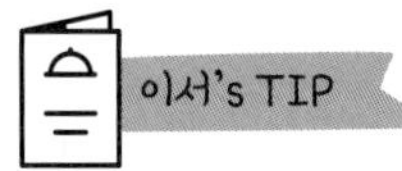


물, 국물 팩 우린 물 대신 채수나 동전 육수를 사용해도 좋습니다.

1 국물 팩을 물 2컵에 우려서 준비해주세요.

2 표고버섯은 밑동을 제거한 후 얇게 썰어 준비해주세요.

3 당근은 얇게 채 썰어 준비해주세요.

4 쌀은 잘 씻어 잠시 불려주세요.

5 냄비에 쌀을 넣고 표고버섯, 당근을 올려주세요.

6 (1)의 물을 넣고 아기 간장 1T을 넣어주세요.

7 전기밥솥에 넣고 잡곡밥 모드로 돌려주세요.

8 1인분씩 나눠 담고 참기름을 1T씩 넣어 비벼 드세요.

전기밥솥으로 만드는 초간단 한 그릇 밥 ❷탄

# 옥수수밥

식감 톡톡, 단맛 톡톡, 맛있는 한 그릇 밥 레시피예요.
씹는 맛이 아주 좋아 아이도 잘 먹어요.

### 재료

- ☐ 쌀 2컵
- ☐ 물 2컵
- ☐ 옥수수 1개
- ☐ 무염 버터 10g

※ 4~5회분

### 보관법

- 냉동 보관 2주

※ 그대로 냄비에 데우거나 전자레인지에 3~4분간 돌린 후 무염 버터를 넣어 비벼주세요.

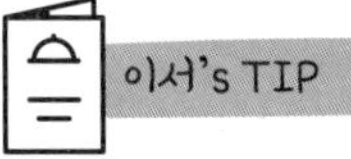

### 이서's TIP

초당옥수수로 만든 옥수수밥이 가장 달고 맛있어요.

1 쌀은 깨끗이 씻은 후 잠시 불려주세요.

2 옥수수는 옥수숫대와 알을 칼로 썰어 분리해주세요.

3 냄비에 씻은 쌀과 물 2컵을 넣고 옥수숫대와 옥수수알을 넣어주세요.

4 전기밥솥에 넣고 백미 모드로 돌려주세요.

5 1인분씩 나눠 담고 무염 버터를 넣어 녹인 후 비벼서 완성합니다.

전기밥솥으로 만드는 초간단 한 그릇 밥 ❸탄

# 콩나물밥

아삭아삭 맛있는 콩나물로 만드는 한 그릇 유아식이에요.

☐ 쌀 2컵
☐ 물 1.5컵
☐ 콩나물 200g
☐ 당근 50g
☐ 아기 간장 2T
☐ 참기름 4T

※ 4~5회분

· 냉동 보관 2주

※ 그대로 냄비에 데우거나 전자레인지에 3~4분간 돌린 후 참기름 1T을 넣어 비벼주세요.

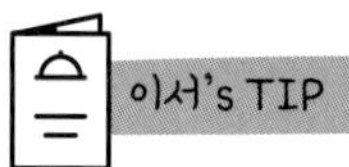


콩나물에서 물이 나오기 때문에 물 양을 줄였어요. 물 대신 채수나 동전 육수를 사용해도 좋습니다.

1 쌀은 깨끗이 씻은 후 불려서 준비해주세요.

2 콩나물은 잘 씻은 후 듬성듬성 잘라 준비해주세요.

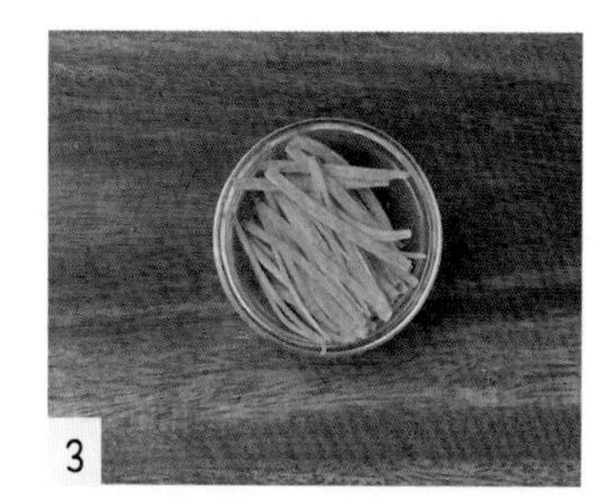

3 당근은 얇게 채 썰어 준비해주세요.

4 냄비에 쌀과 콩나물, 당근을 넣고 물 1.5컵을 넣어주세요.

5 전기밥솥에 넣고 백미 모드로 돌려주세요.

6 1인분씩 나눠 담고 아기 간장 0.5T, 참기름 1T씩 넣어 비벼 완성합니다.

환절기에 꼭 만들어주세요

# 아기배숙

기관지에 좋은 배와 대추를 이용해 전기밥솥으로 만드는 아기배숙. 찬 바람 불면 꼭 한번 해보세요.

- □ 배 2개
- □ 대추 7개
- □ 물 700ml

※ 5회분

• 냉장 보관

※ 전자레인지에 30초 데우거나 그대로 꺼내 사용하세요.

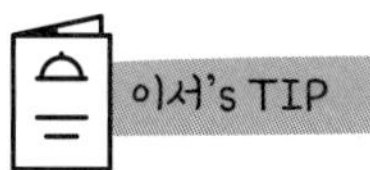


중간에 밥솥의 증기 배출 물통을 비워주지 않고 돌리면 밥솥 주변으로 물이 뿜어져 나와요.

배와 대추는 모두 깨끗이 씻어 준비해주세요.

배는 껍질을 제거한 후 큼직하게 깍둑 썰어 준비해주세요.

대추는 솔로 주름 사이를 잘 닦고 잘라 씨를 제거해주세요.

밥솥에 배를 넣고 대추를 올린 후 물 700ml를 넣어주세요.

찜 모드로 20분간 돌린 후 밥솥 뒤 증기 배출 물통을 비우고 찜 모드로 25분 더 돌립니다.

밥솥에서 배, 대추를 건져 체에 밭쳐 꾹꾹 눌러 짜준 후 건더기는 버리세요.

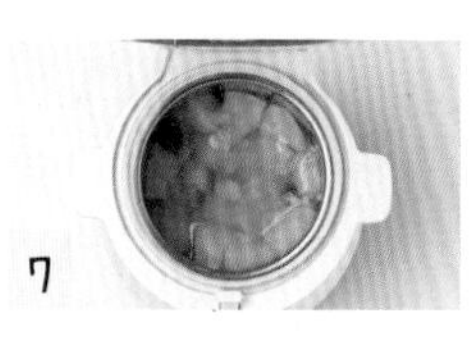


밥솥에 배, 대추를 찌고 남아 있는 물과 체에 거른 물을 한번 더 체에 걸러주세요.

빈 물병에 담아 보관하세요.

밥태기 이겨내고 면역력 지키는

# 대파수프

아파서 입맛 없는 날 추천합니다. 매번 똑같은 아침이 지겨울 때 빵이랑 먹어도, 리소토로 만들어도, 수프 그대로 먹어도 아주 좋은 활용 만점 메뉴예요.

- ☐ 대파 130g
- ☐ 감자 또는 고구마 150g
- ☐ 무염 버터 10g
- ☐ 우유 또는 분유 200ml
- ☐ 아기 치즈 1장
- ☐ 물 50ml

※ 3회분

- 냉장 보관 7일

※ 전자레인지에 1분 30초 데워주세요.

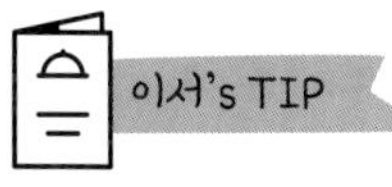


수프 그대로 팬에 부어 밥만 넣어 리소토로 만들어도 맛있어요.

1 감자는 깨끗이 씻어 쪄서 준비해주세요.

실리콘 찜기 사용 시 전자레인지에 6분 30초 돌려주세요.

2 대파는 깨끗이 씻어 듬성듬성 썰어 준비해주세요.

3 팬에 무염 버터를 녹인 후 대파를 넣어 볶아주세요.

4 대파가 촉촉하게 익으면 물 50ml를 넣고 중약불로 줄여 물이 사라질 때까지 완전히 졸여 익혀주세요.

5 믹서에 익힌 대파, 감자, 우유 100ml를 넣고 갈아주세요.

6 잘 갈린 재료를 팬에 부어주고 우유 100ml를 추가한 후 중약불로 끓이다 아기 치즈를 넣어 녹인 다음 불을 꺼줍니다.

촉촉하고 부드러운 식감

# 고구마만주

인스타그램에 업로드한 후 쭉 레시피 후기 1위를 유지했던 인기 간식. 엄마도 꼭 함께 먹어보세요. 정말 맛있어요.

□ 고구마 200g
□ 아기 치즈 2장
□ 쌀가루 15g
□ 달걀노른자 1개 분량

※ 3회분

- 냉장 보관 4일 이내

※ 전자레인지에 30~50초 데우세요.

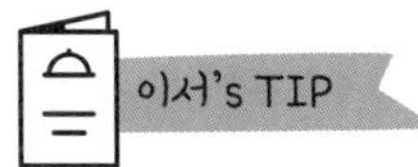


반죽할 때 고구마마다 수분량이 다르기 때문에 손에 많이 묻어날 경우 쌀가루를 조금 추가하고, 너무 건조해서 부서질 경우 물을 조금씩 추가해 반죽 질감을 맞춰주세요.

1

고구마는 깨끗이 씻은 후 쪄서 준비해주세요.

실리콘 찜기 사용 시 전자레인지에 7분이면 됩니다.

2

고구마를 따뜻할 때 으깬 후 아기 치즈를 넣어 녹이고 쌀가루를 넣어 반죽해주세요.

반죽의 질감은 촉촉하지만 손에 묻어나지 않는 정도로 해주세요.

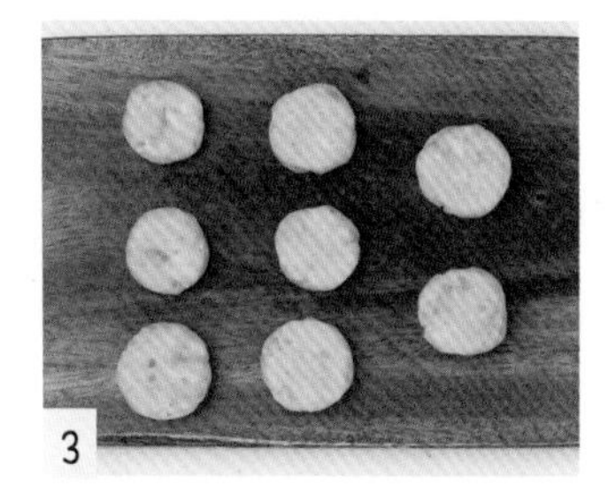

3

반죽을 한입 크기로 떼내 둥글린 후 옆면과 위아래를 눌러가며 모양을 잡아주세요.

4

달걀노른자를 풀어 반죽 윗면에 코팅해주세요.

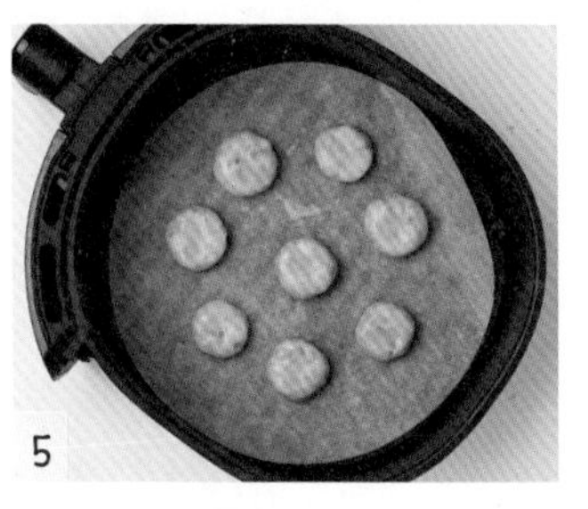

5

에어프라이어에 170℃로 15분간 돌려 완성합니다.

홈메이드 간식

# 고구마칩

하원 간식으로 만들었다가 온 가족이 함께 너무 잘 먹었어요. 입이 심심할 때 먹기 딱 좋아요.

☐ 고구마 1개
☐ 올리브유 1T
☐ 알룰로스 1T

※ 3~4회분

· 상온 보관 7~10일
※ 밀폐 용기에 담아 보관하세요.

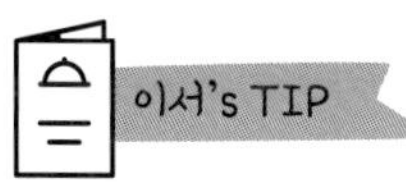


감자로 만들어도 맛있어요.

고구마는 깨끗이 씻은 후 껍질을 벗겨 준비해주세요.

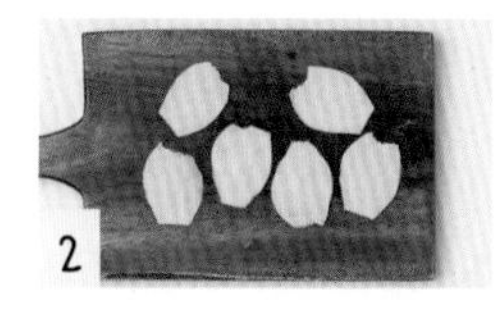

슬라이스 채칼이나 감자 칼로 고구마를 아주 얇게 썰어주세요.

찬물에 10분간 담가 전분을 제거해주세요.

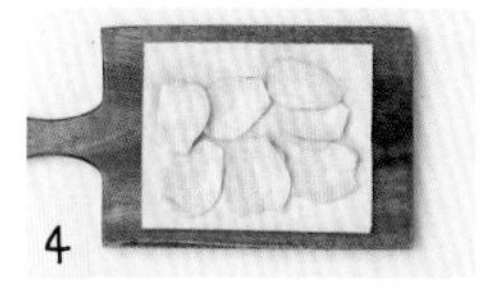

키친타월로 고구마의 물기를 제거해주세요.

올리브유 1T, 알룰로스 1T을 고구마에 넣고 잘 섞어주세요.

에어프라이어에 160℃로 10분간 돌려주세요.

잘 익었는지 확인한 후 5분 더 돌려주세요.

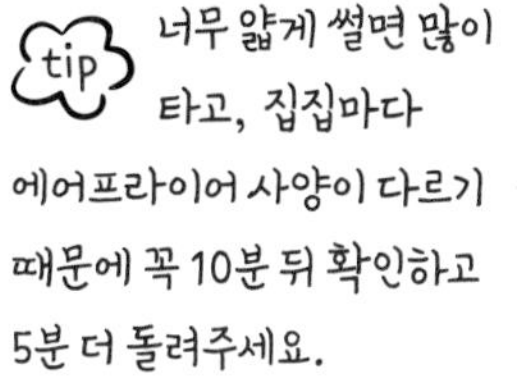

tip 너무 얇게 썰면 많이 타고, 집집마다 에어프라이어 사양이 다르기 때문에 꼭 10분 뒤 확인하고 5분 더 돌려주세요.

기념일에 직접 만드는 엄마표 케이크

# 고구마요거트케이크

아기 기념일 케이크로도, 간식으로도 강력 추천하는
맛 보장 고구마케이크 레시피예요.

- ☐ 찐 고구마 250g
- ☐ 아기 요거트 1.5T
- ☐ 아기 치즈 1장
- ☐ 달걀 1개
- ☐ 알룰로스 2T

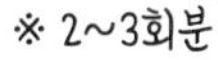

- 냉장 보관 7일

※ 전자레인지에 30초간 데우거나 냉장 상태 그대로 사용하세요.

이서's TIP

둥글고 큰 그릇 대신 실리콘 머핀 틀에 넣어 1개씩 소분해 만들어도 좋습니다.

1

찐 고구마를 준비해주세요.

tip 고구마는 전용 용기에 물 30ml와 함께 담아 전자레인지에 6분 돌려주면 맛있게 익습니다.

2

볼에 찐 고구마를 으깨 넣고 아기 치즈를 넣어 녹여주세요.

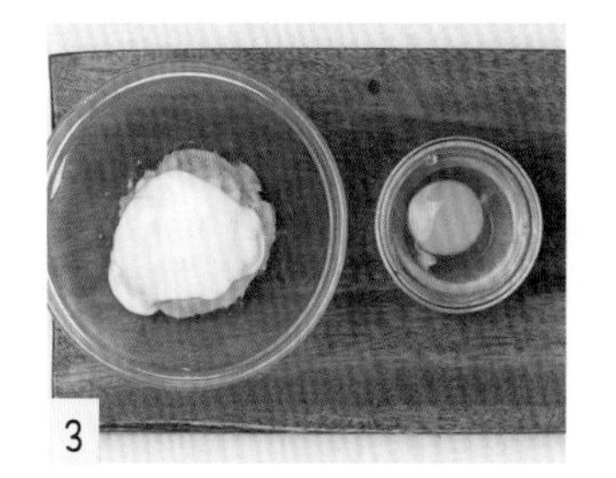

3

달걀을 넣어 섞고 아기 요거트도 넣어 잘 섞어주세요.

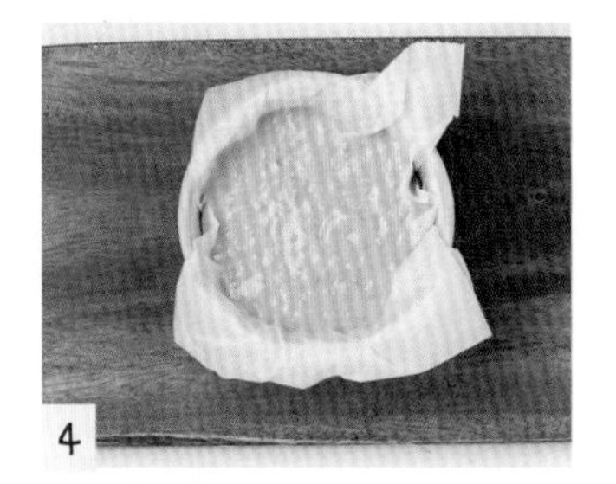

4

둥글고 깊은 그릇에 종이 포일을 깔고 반죽을 넣어 평평하게 만들어주세요.

5

알룰로스 2T을 고구마 반죽 윗면에 코팅하듯 발라주세요. 그런 다음 에어프라이어에 180℃로 20분간 돌려주세요.

tip 집마다 에어프라이어 사양이 다르니 180℃로 15분간 돌린 후 젓가락으로 찔러보고 묻어나면 5분 추가하세요.

아기 주스로 만드는 젤리

# 엄마표아기젤리

어느 주스든 상관없이 집에 있는 것으로 만들 수 있는 쉽고 맛있는 젤리 레시피예요. 출출할 때 아기와 엄마 함께 드세요.

☐ 아기 주스 120ml
☐ 한천가루 2g

※ 2~3회분

· 냉동 보관 5일
※ 그대로 꺼내거나
찬 기만 없애주세요.

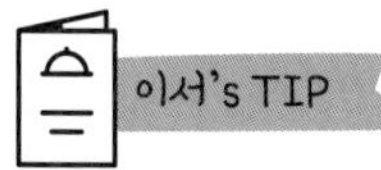


아기 주스가 100ml라면 남은 20ml는 물로 채워 만들어도 좋아요.
주스 120ml에 한천가루 2g 비율을 지켜야 양갱 같은 젤리가 아닌 촉촉한 젤리를 만들 수 있어요.

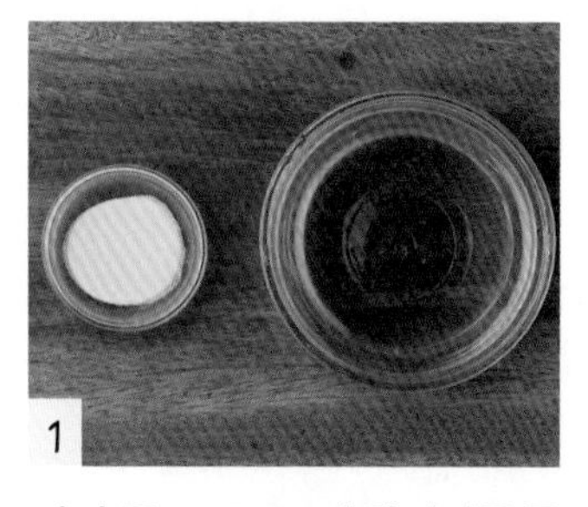

1 아기 주스 120ml에 한천가루를 넣고 잘 풀어 섞어주세요.

2 전자레인지에 넣고 1분 30초 돌려주세요.

3 완성된 주스를 실리콘 큐브 틀에 나눠 담아주세요.

4 큐브에 담긴 주스를 한 김 식힌 후 뚜껑을 닫아 냉동실에 넣고 30분~1시간 얼려주세요.

1등 간식

# 짜장떡구마

간식으로도 밥반찬으로도 너무 좋아하고 잘 먹는 메뉴예요. 짜장가루로 간편하게 만들어보세요.

- ☐ 찐 고구마 100g
- ☐ 올리브유 약간
- ☐ 쌀떡 7개
- ☐ 양배추 20g
- ☐ 양파 30g
- ☐ 당근 250g
- ☐ 물 250ml
- ☐ 짜장가루 2T

※ 2~3회분

- 냉장 보관 7일

※ 전자레인지에 2분간 돌리거나 팬에 데우세요.

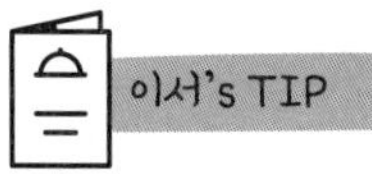


일반 떡볶이용 떡 대신 조랭이떡을 사용해도 좋습니다.

1

찐 고구마와 채소는 깍둑 썰어 준비해주세요.

2

팬에 올리브유를 두르고 채소 먼저 볶아주세요.

3

채소의 숨이 죽으면 물 250ml를 넣어주세요.

4

물이 끓어오르면 짜장가루를 넣어 풀어주고 떡, 찐 고구마를 넣고 뚜껑을 닫아 조려서 완성합니다.

아침 메뉴나 간식으로 추천하는

# 고구마치즈달걀빵

후기 이유식 간식부터 유아식 간식까지 모두가 좋아하는 레시피예요. 고구마와 치즈가 어우러져 부드러운 데다 달걀까지 더해 식감이 더 보들보들해요.

☐ 고구마 100g
☐ 쌀가루 25g
☐ 아기 치즈 1장
☐ 달걀 1개

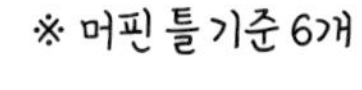

- 냉장 보관 7일

※ 전자레인지에 1분간 돌려주세요.

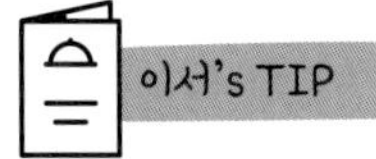


아기가 잘 집어 먹을 수 있는 크기로 잘라줘도 좋습니다.

1 고구마는 깨끗이 씻어 쪄서 준비해주세요.

전용 용기에 물 30ml와 함께 담아 전자레인지에 5~6분이면 익어요.

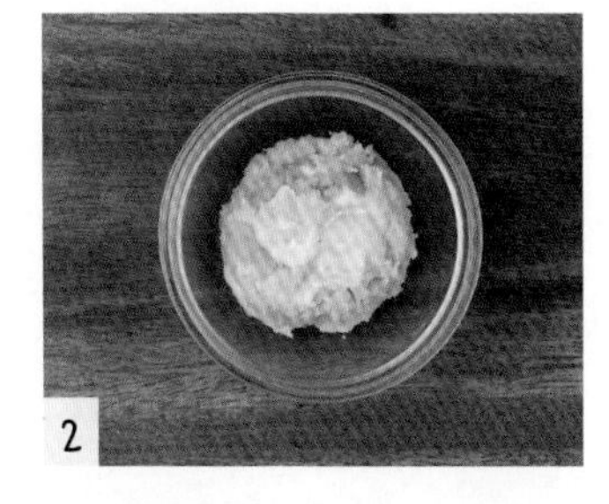

2 찐 고구마를 으깨고 따뜻할 때 아기 치즈를 넣어 녹이며 반죽해주세요.

3 쌀가루를 넣어 반죽한 후 달걀을 풀어 넣어 반죽해주세요.

4 실리콘 머핀 틀이나 전용 용기에 반죽을 담아 전자레인지에 4분간 돌려주세요.

무염 버터로 만드는 아기 소금빵

# 무염버터모닝빵

카페에서 판매하는 소금빵처럼 짜지 않고 아이가 먹기에도 엄마가 먹기에도 맛있는 레시피예요.

☐ 모닝빵 3개
☐ 무염 버터 50g
☐ 아기 소금 약간

※ 3개

· 냉장 7일

※ 따뜻할 때 바로 먹는 게 가장 맛있어요. 냉장 보관 시 에어프라이어에 4분간 데워주세요.

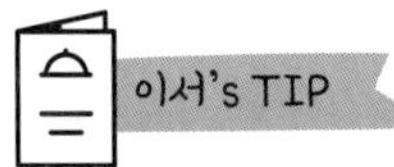


다 만들고 난 뒤 아기가 잘 집어 먹을 수 있는 크기로 잘라줘도 좋습니다.

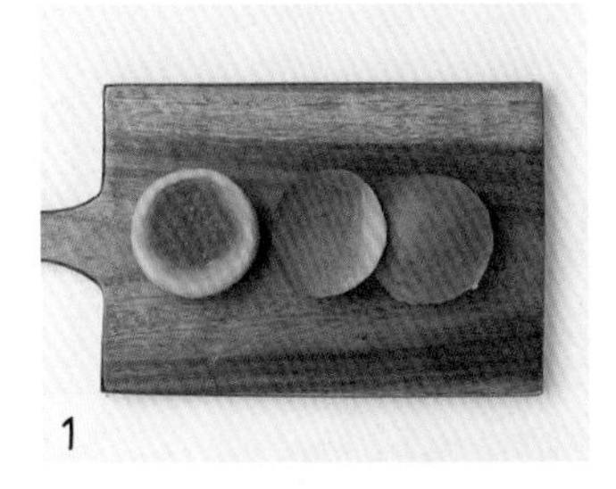

1

모닝빵은 옆으로 ⅔만 칼집을 내고 바닥에 X자로 칼집을 내 주세요.

2

각각의 모닝빵 옆면에 무염 버터를 10g씩 넣어주세요.

3

무염 버터 20g을 그릇에 담아 전자레인지에 1분간 돌려 녹여 주세요.

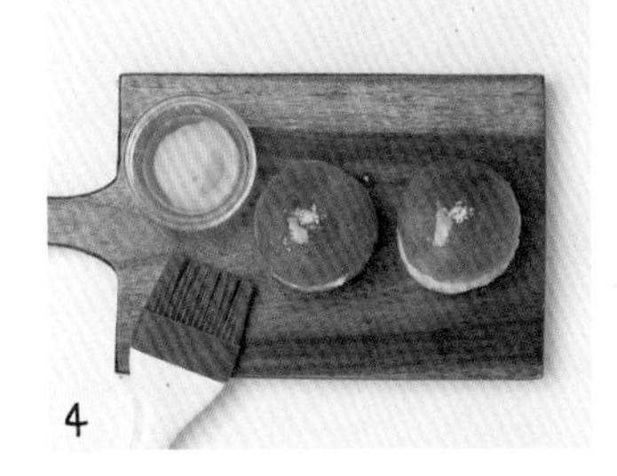

4

모닝빵 위에 녹인 무염 버터를 바른 다음 소금을 약간 뿌려주세요.

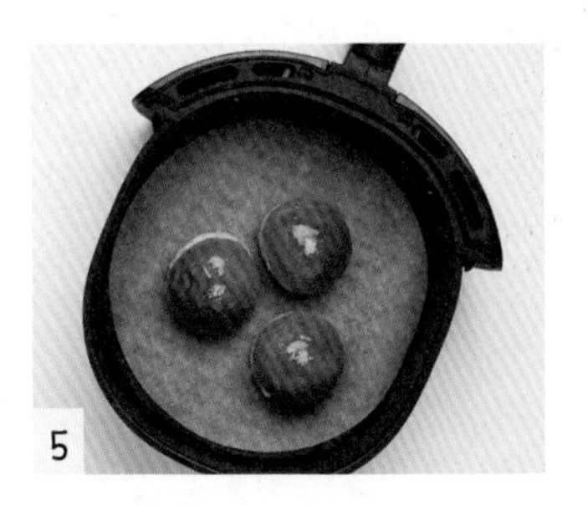

5

에어프라이어에 180℃로 7분 돌려주세요.

2배 맛있는 감자 간식

# 감자치즈떡

감자 2개로 간식과 반찬을 해결할 수 있어요. 집에 있는 감자로 만들어보세요.

재료

- ☐ 감자 200g
- ☐ 전분 1T
- ☐ 무염 버터 15g
- ☐ 아기 치즈 1장
- ☐ 소금 약간
- ☐ 물 30ml

※ 5개

보관법

· 냉장 7일

※ 따뜻할 때 바로 먹는 게 가장 맛있어요. 냉장 보관 시 전자레인지에 30초~1분간 돌려주세요.

이서's TIP

크림소스를 부어 감자스테이크처럼 주어도 좋습니다.

1 감자는 깨끗이 씻은 후 껍질을 벗기고 깍둑 썰어 전자레인지 용기에 물 30ml와 함께 담아주세요.

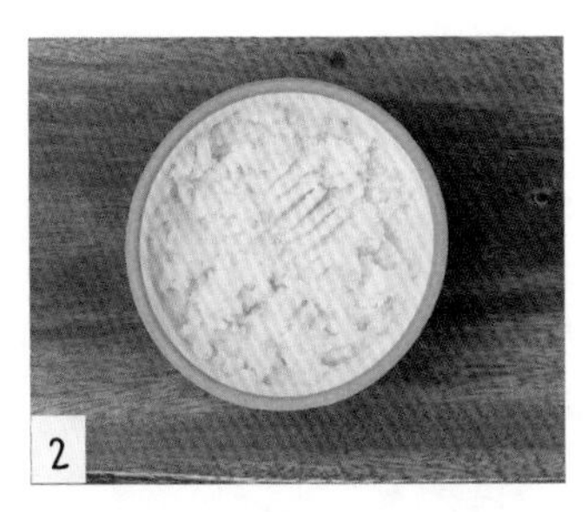

2 전자레인지에 4분 30초 돌린 다음 으깨주세요.

3 볼에 으깬 감자를 담고 소금 약간, 전분을 섞어 반죽해주세요.

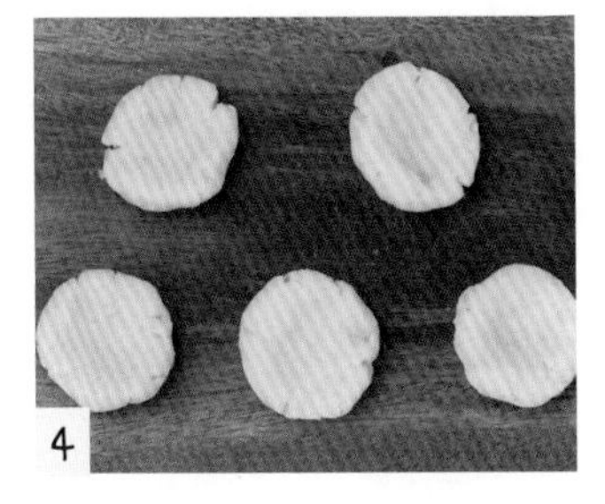

4 반죽을 40g 정도씩 떼내 동그랗게 빚어 호떡 모양을 만들어주세요(약 5개).

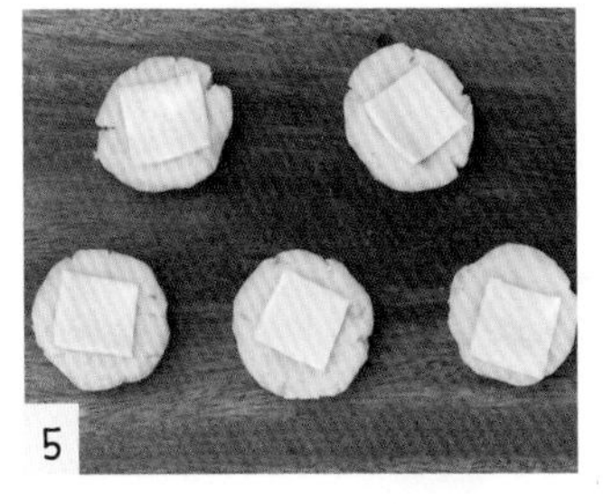

5 반죽 속에 아기 치즈를 1조각씩 넣고 다시 동그랗게 빚은 다음 작은 호떡 모양으로 만들어주세요.

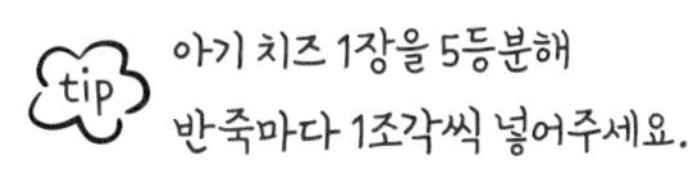

tip 아기 치즈 1장을 5등분해 반죽마다 1조각씩 넣어주세요.

6 달군 팬에 무염 버터를 넣어 녹이고 감자 반죽을 얹어 앞뒤로 노릇노릇하게 구워서 완성합니다.

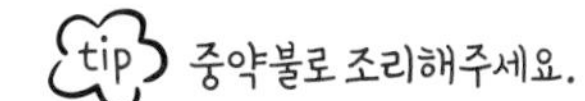

tip 중약불로 조리해주세요.

빙수 기계 없이도 집에서 만드는

# 아기인절미빙수

이 레시피를 알아두면 망고빙수, 과일빙수 모두 문제없어요.

□ 우유 200~300ml
□ 아기 인절미 과자
또는 인절미 적당량
□ 콩고물 적당량

※ 1회분

· 만든 직후에 바로 먹어요.

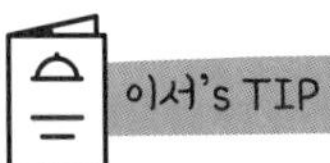


우유 얼음만 만들어두면
알룰로스와 함께 망고를 얹어
망고빙수를, 딸기를 얹어
딸기빙수를 만들 수 있어요.

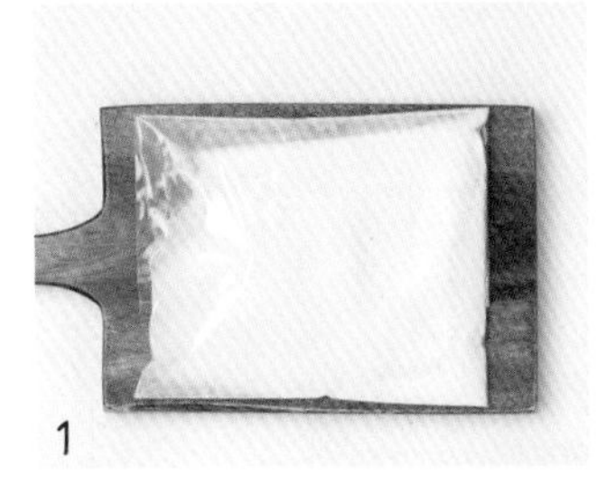

1

우유는 큰 지퍼 백에 넣어 평평하게 만들어준 후 4~6시간 얼려주세요.

2

우유 얼음을 손이나 방망이로 으깨 그릇에 담아주세요.

3

우유 얼음에 콩고물을 원하는 만큼 얹어주세요.

4

아기 인절미 과자 또는 인절미를 잘게 잘라 올려주세요.

맛도 좋고 영양도 좋은 대박 수프 2탄

# 고구마양파수프

달고 맛있는 재료로 누구나 쉽게 만드는 고구마수프 레시피를 소개합니다.

재료

- ☐ 고구마 450g
- ☐ 양파 150g
- ☐ 무염 버터 30g
- ☐ 아기 치즈 2장
- ☐ 우유 500ml

※ 5~6회분

보관법

- 냉장 보관 7일 / 냉동 보관 2~3주

※ 냉장: 전자레인지에 1분간 데워주세요.
냉동: 전자레인지에 3~4분 데우거나 팬에 데우세요.

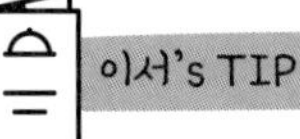

이서's TIP

1인분씩 소분해 냉동 보관하세요. 단독 메뉴로 주어도 좋고 파스타 면 혹은 밥을 넣어 파스타나 리소토로 해줘도 잘 먹어요.

1 고구마는 깨끗이 씻은 후 껍질을 벗겨 준비해 주세요.

2 고구마와 양파는 모두 작게 깍둑 썰어 준비해 주세요.

3 냄비에 무염 버터를 넣은 후 양파 먼저 볶아주세요.

4 양파가 노란색이 될 때까지 중약불로 천천히 볶아주세요.

5 고구마를 넣고 살짝 익을 정도로 볶아주세요.

6 우유 500ml를 넣고 10분간 끓여주세요.

7 아기 치즈를 넣고 잘 녹아들도록 섞어준 후 불을 끄고 한 김 식혀주세요.

8 블렌더에 (7)을 넣어 부드럽게 갈아주세요.

단호박과 오트밀로 만드는 영양 만점 간식

# 단호박에그타르트

집에서 쉽게 만들 수 있는 레시피로 필링도 내 맘대로 넣어보세요.

☐ 찐 단호박 140g(껍질, 씨 제거 후 분량)
☐ 오트밀 20g
☐ 달걀노른자 1개 분량
☐ 우유 20ml
☐ 무염 버터 15g

※ 4개

• 냉장 보관 7일
※ 전자레인지에 1분간 데워주세요.

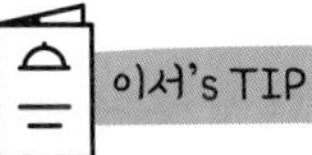


달걀 필링 대신 아이가 먹을 수 있는 잼을 활용해도 좋습니다.

단호박은 전용 용기에 담아 전자레인지에 5~6분간 쪄주세요.

한 김 식혀 껍질과 꼭지를 제거해주세요.

볼에 따뜻한 단호박을 넣고 무염 버터를 넣어 녹인 후 오트밀을 넣어 반죽해주세요.

실리콘 머핀 틀에 반죽을 나눠 담고 숟가락으로 반죽 가운데를 움푹 눌러주세요.

필링이 들어갈 자리로 바닥이 보이지 않게 움푹 파주세요.

우유 20ml에 달걀노른자를 풀어 필링을 만들어주세요.

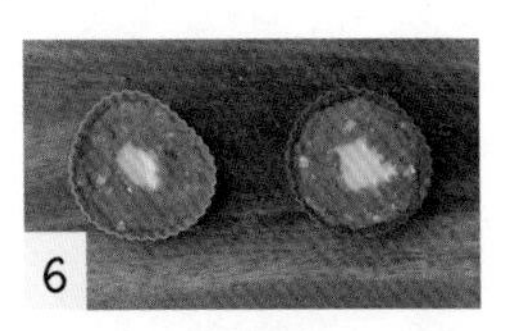


각 반죽에 필링을 나눠 담아주세요.

에어프라이어에 170℃로 15분간 돌려주세요.

전자레인지로 만드는 초간단 간식

# 감자치즈빵

요거트나 과일과 함께 주기 좋은 간식이에요.

- ☐ 감자 150g
- ☐ 달걀 1개
- ☐ 우유 40ml
- ☐ 아기 치즈 2장
- ☐ 쌀가루 20g

※ 4~5분

- 냉장 보관 7일

※ 전자레인지에 1분간 데워주세요.

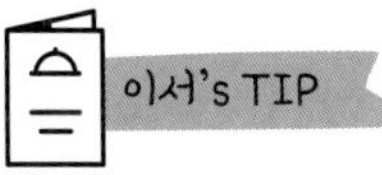


아기 치즈를 넣을 때 무염 버터 10g을 함께 넣어도 좋습니다.

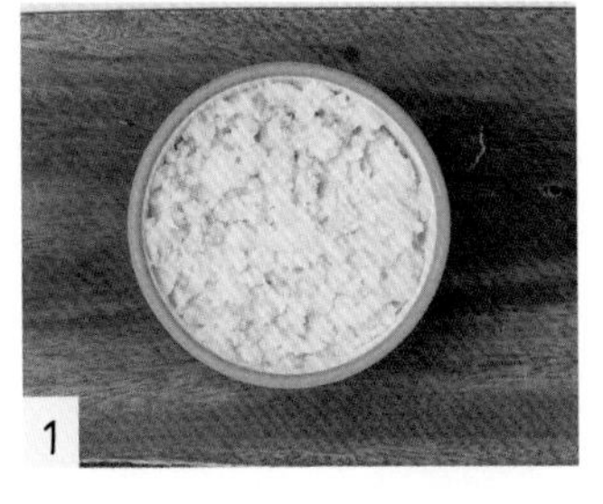

1 감자는 껍질을 벗겨 찐 후 으깨주세요.

tip 전용 용기에 물 30ml와 함께 전자레인지에 5분만 돌리면 푹 익어요.

2 볼에 따뜻한 감자를 담고 아기 치즈를 넣어 녹이며 섞어주세요.

3 달걀을 풀어 넣고 우유 40ml, 쌀가루를 넣어 반죽해주세요.

4 반죽을 전용 용기에 담아 전자레인지에 2분 30초 돌려주세요.

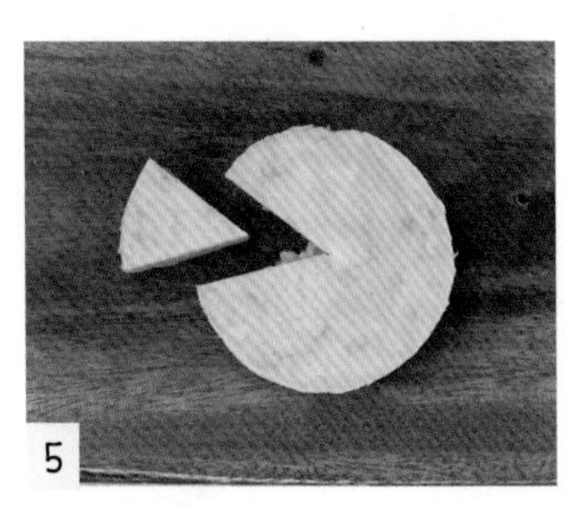

5 용기에서 꺼내 아이가 잘 먹는 크기로 잘라주세요.

식감이 재미있고 맛있는

# 고구마옥수수빵

간단한 재료와 에어프라이어만 있으면 누구나 만들 수 있는 간식 레시피예요.

☐ 찐 고구마 120g
☐ 찐 옥수수알 40g
☐ 쌀가루 30g
☐ 달걀 1개
☐ 우유 30ml
☐ 아기 치즈 2장

※ 4~5개

- 냉장 보관 7일

※ 전자레인지에 1분간 데워주세요.

이서's TIP

아기 치즈를 넣을 때 무염 버터 10g을 함께 넣어도 좋습니다.

찐 고구마는 껍질을 벗겨 준비해주세요.

전용 용기에 물 30ml와 함께 넣고 전자레인지에 5분간 돌려주세요.

옥수수알은 찌거나 옥수수 캔으로 준비해주세요.

고구마가 따뜻할 때 아기 치즈를 넣어 섞으며 반죽해주세요.

달걀을 풀어 넣어 반죽하고 쌀가루, 우유 30ml를 넣어 섞으며 반죽해주세요.

옥수수도 넣어 섞으며 반죽해주세요.

실리콘 머핀 틀에 나눠 담아 에어프라이어에 넣고 180℃로 10분간 돌려주세요.

돌부터 먹는 유아식

# 엄마표간짜장

춘장 대신 짜장소스를 걸쭉하게 만들어 넣은 유아식 간짜장 레시피예요.

- ☐ 다진 소고기 또는 돼지고기 100g
- ☐ 다진 채소 60g
- ☐ 다진 마늘 10g
- ☐ 대파 10g
- ☐ 짜장가루1.5T
- ☐ 물 30ml
- ☐ 올리브유 약간

※ 2회분

- 냉장 보관 7일 / 냉동 보관 2~3주

※ 냉장: 전자레인지에 1분간 데워주세요.
냉동: 전자레인지에 3~4분간 데워주세요.

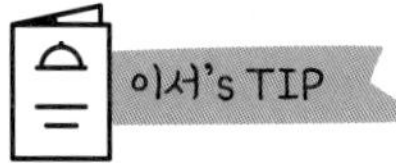


삶은 우동 면에 만들어둔 소스를 부으면 유아식 간짜장면, 밥 위에 부으면 간짜장밥으로 먹일 수 있어요.

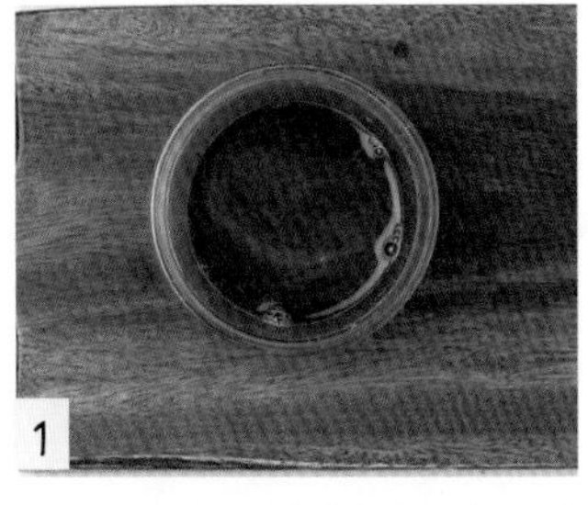


물 30ml에 짜장가루를 넣고 섞어 소스를 만들어주세요.

팬에 올리브유를 두르고 다진 마늘과 송송 썰어둔 대파를 넣어 볶아주세요.

소고기 또는 다진 돼지고기를 넣고 볶다가 다진 채소를 넣고 함께 볶아주세요.

채소가 어느 정도 익으면 만들어 둔 (1)의 춘장 대체 짜장소스를 넣어 볶아주세요.

1회분씩 소분해 담아 보관해주세요.

초간단 수프, 대박 수프 3탄

# 옥수수수프

이유식부터 유아식까지 모두 잘 먹는 부드럽고 맛있는 옥수수수프 레시피예요.

☐ 옥수수알 200g
☐ 무염 버터 30g
☐ 아기 치즈 2장
☐ 우유 300ml

※ 3회분

· 냉장 보관 7일 / 냉동 보관 2~3주

※ 냉장 : 전자레인지에 1분간 데워주세요.
냉동: 전자레인지에 3~4분 돌리거나 팬에 데워주세요.

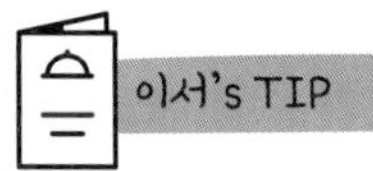


1인분씩 소분해 냉동 보관하세요. 단독 메뉴로 주어도 좋고 파스타 면이나 밥을 넣어 파스타 혹은 리소토로 해줘도 잘 먹어요.

1

팬에 무염 버터를 넣어 녹이고 옥수수알을 넣어 볶아주세요.

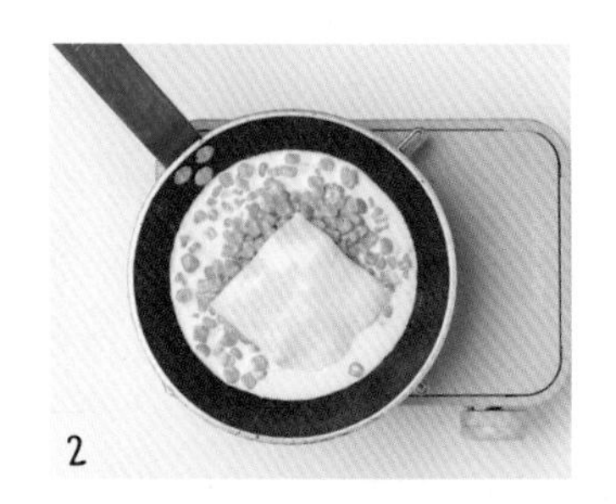

2

우유 300ml를 넣고 어느 정도 졸아들 때까지 팔팔 끓이다 아기 치즈를 넣고 섞은 후 불을 꺼주세요.

3

한 김 식힌 후 블렌더에 수프를 모두 넣은 다음 부드럽게 갈아주세요.

뭘 올려도 맛있는

# 감자타르트

이유식부터 유아식까지 쭉 먹는 맛있는 감자 간식
추천 레시피예요.

### 재료

- ☐ 찐 감자 200g
- ☐ 쌀가루 10g
- ☐ 달걀노른자 1개 분량
- ☐ 알룰로스 1T
- ☐ 우유 20ml
- ☐ 무염 버터 15g

※ 4개

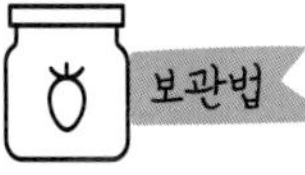

### 보관법

- 냉장 보관 7일

※ 전자레인지에 1분간 데워주세요.

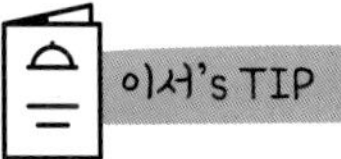

### 이서's TIP

감자에 무염 버터를 넣어 반죽할 때 아기 치즈 1~2장을 같이 넣어도 맛있습니다. 이유식을 하는 아기라면 알룰로스를 생략해주세요.

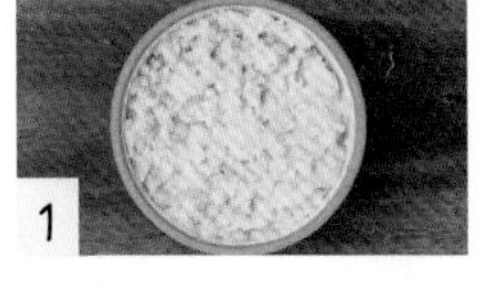

1 감자는 껍질을 벗겨 쪄서 으깨주세요.

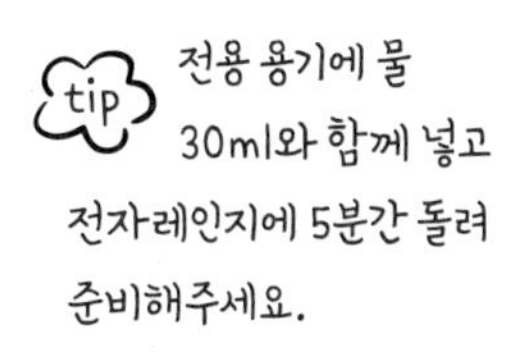

tip 전용 용기에 물 30ml와 함께 넣고 전자레인지에 5분간 돌려 준비해주세요.

2 볼에 따뜻한 감자를 담고 무염 버터를 넣어 녹여주세요.

3 쌀가루를 넣어 반죽해 주세요.

4 실리콘 머핀 틀에 반죽을 반 정도 담아주세요.

5 숟가락이나 손가락으로 둥글게 반죽한 후 움푹 눌러 필링 넣을 자리를 만들어주세요.

6 우유 20ml, 알룰로스 1T, 달걀노른자를 섞어 필링을 만들어주세요.

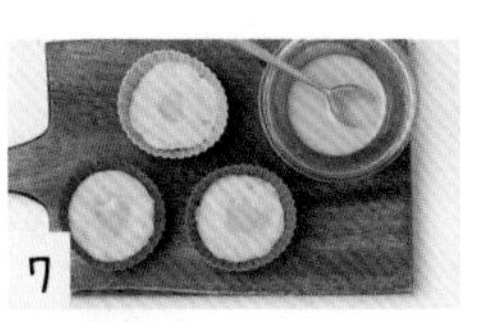

7 각 머핀 틀의 반죽에 필링을 나눠 담아주세요.

8 에어프라이어에 165℃로 10분간 돌려주세요.

브로콜리 편식 아이 모이세요

# 브로콜리고구마머핀

브로콜리만 편식하는 아이에게 너무 좋은 간식이에요. 브로콜리를 멀리하는 아이도 맛있게 먹을 수 있어 추천합니다.

- □ 찐 고구마 120g
- □ 데친 브로콜리 30g
- □ 달걀노른자 1개 분량
- □ 우유 60ml
- □ 쌀가루 30g

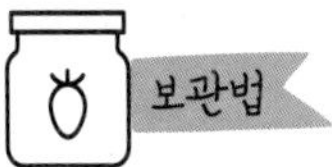


- 냉장 보관 7일

※ 전자레인지에 1분간 데워주세요.

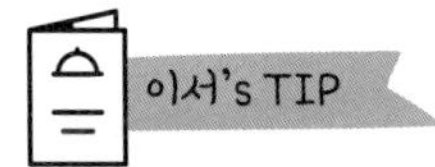


반죽할 때 아기 치즈 1~2장을 같이 넣어도 맛있습니다.

1 브로콜리는 깨끗이 씻은 후 끓는 물에 데쳐 잘게 다져주세요.

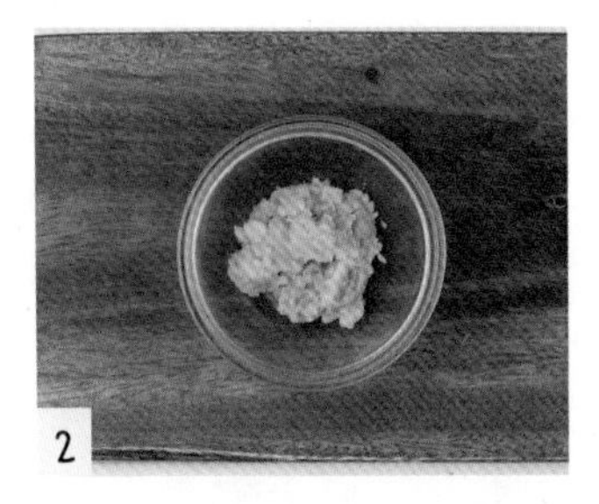

2 고구마는 껍질을 벗겨 쪄서 준비하고 으깨주세요.

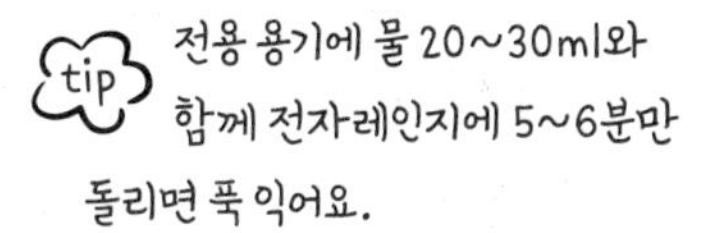

3 볼에 찐 고구마와 브로콜리를 넣어 잘 섞으며 반죽해주세요.

4 우유 60ml와 달걀노른자를 섞어 넣고 쌀가루를 넣어 반죽해주세요.

5 실리콘 머핀 틀에 반죽을 나눠 담아주세요.

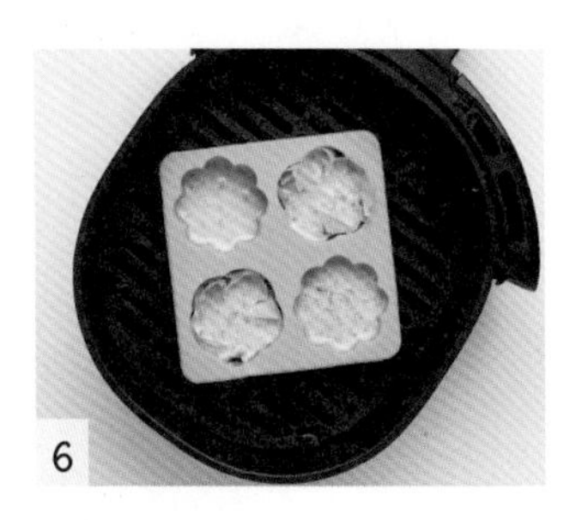

6 에어프라이어에 165℃로 15분간 돌려주세요.

집마다 에어프라이어 사양이 다르므로 15분간 돌린 후 젓가락으로 찔러 반죽이 익었는지 확인하고 덜 익었으면 5분 더 추가하세요.

우리 아이 철분 보충 영양 간식

# 고구마시금치빵

찐 고구마와 영양 가득 시금치로 맛있는 빵을 만들어 보세요. 시금치가 달콤한 고구마빵과 어우러져 아이가 거부감 없이 먹을 수 있어요.

## 재료

- □ 찐 고구마 100g
- □ 시금치 50g
- □ 무염 버터 30g
- □ 달걀 1개
- □ 우유 70ml
- □ 쌀가루 40g

※ 4~5개

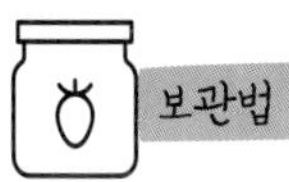

## 보관법

- 냉장 보관 7일

※ 전자레인지에 1분간 데워주세요.

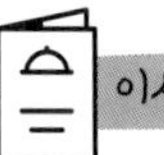

## 이서's TIP

반죽할 때 아기 치즈를 1~2장 같이 넣어도 맛있습니다.

시금치는 잘게 다지거나 믹서에 갈아 준비해주세요.

고구마는 껍질을 벗겨 쪄서 으깨주세요.

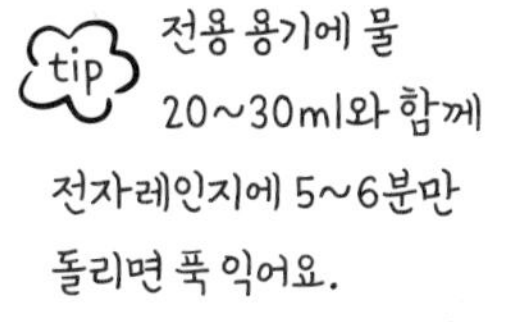

찐 고구마에 무염 버터를 넣어 녹여주세요.

볼에 고구마 반죽과 잘게 간 시금치를 넣어 섞어주세요.

달걀을 풀어 넣어주고 우유 70ml와 쌀가루도 추가해 잘 섞으며 반죽해주세요.

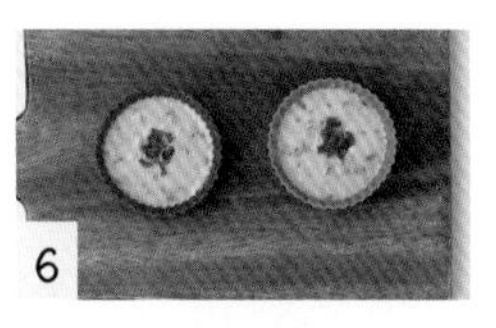


실리콘 머핀 틀에 반죽을 나눠 담아주세요.

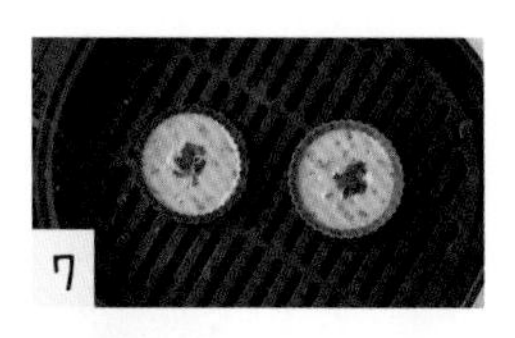


에어프라이어에 175℃로 15분간 돌려주세요.

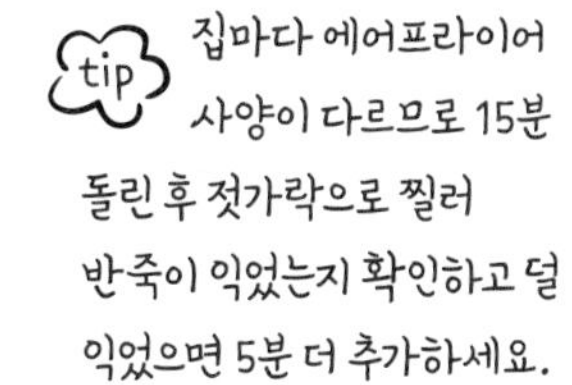

memo